確率変数の収束と大数の完全法則

少しマニアックな確率論入門

服部哲弥 著

共立出版

まえがき

　基礎的な教科書を書く話が持ち上がるたびに悩むことだが，伝統的な分野はどこもそうそうたる著者陣による多くの教科書が出版されているので，基礎事項という教科書の縛りと変わった1冊としての新たな特徴の調和は難しい．とはいえ，多くの小説が批評家よりも広い読者に向けられることを考えると，数学の心得がある読者が物語のような数学書を読む需要は常にあるかもしれない．ちょうど4年前の誕生日に共立出版編集部の大越隆道さんが研究室にお見えになって以来，何か提案できないかと考えた末に，大数の法則をテーマにして，そこに向かって初等的な確率論の教科書に共通する内容とその先の基礎事項のうち抜け落ちがちなもののいくつかを配置することを考えた．

　大数の法則は，偏差のランダムな正負の打ち消し合いという，解析学としての確率論らしさの原点である．本書は大数の完全法則の証明を紹介する．よく知られた大数の強法則の特別な場合についてやや強い結論を導く定理であり，定理と英語名は70年前からある．基礎教科書では，大数の強法則について4次モーメント有限という強い仮定を置いて短い証明を採用することがあるが，その証明は完全法則の証明の中に位置づけるほうが自然である．応用上も，現実の観測や測定結果は有限個のばらつく量であって，その平均を極限の確定値で近似する．個数が固定していて異なる個数の系との関係を考えないので，その数学的なよりどころは大数の完全法則である．

　本書は通常の測度論に基づく確率論，特に実数値の独立確率変数列で書ける範囲を扱う．最近の初等教科書では省略傾向にあるようにも感じる確率変数列の収束の定義の差異を含めて，基礎事項を紹介する．直感的な理解でも対処できる初等的な議論に徹したつもりだが，たとえば [8] は定義と定理を

押さえつつ証明を省く工夫によって，最短距離で予備知識を確認するのに使える．

本書後半では，独立同分布実確率変数列の分布関数の算術平均（経験分布関数）が母分布の分布関数に一様収束するというグリヴェンコ・カンテリの定理の証明の完全収束版を単調関数値に一般化して紹介する．この関連で有界変動関数の基礎事項に立ち入る．ルベーグ積分の著名な基礎教科書 [21] の「直線上の絶対連続関数」の節で，有界変動関数の基礎事項を [18] から引用しているが，後者が新版に変わった際にギャップが生じ，学生諸氏から質問を受ける経験が複数あった [12]．現代の基礎教科書からこぼれ落ちがちな基礎事項のいくつかを違った形で残しておくことも本書の動機である．

グリヴェンコ・カンテリの定理は実確率変数列の大数の法則と形の上では類似するが，非可分空間値独立確率変数列という概念の困難が統一の障害になる．1つの試みの手がかりとしてヒンチンの不等式の一般化は，大数の法則の正負の打ち消しという描像のセミノルム付き線形空間における対応物と見ることができて，初等的に扱えるので，これを紹介する．この説明のため本書後半は線形空間のややマニアックな入門から始める．一般化グリヴェンコ・カンテリの定理の証明だけに関心がある場合は，ヒンチンの定理とその一般化 $K'_{U,r,q}$ などを表題に含む節は飛ばすことができる．

確率論の初等的な教科書を勉強した後に，深入りするための1つの偏った数学的動機となることを期待する．また，線形代数を含めてかつて勉強した数学を再び勉強するに当たって，少し変わった内容が読みたいが，いきなり専門的教科書や研究論文の水準は敷居が高いという需要へのやや変わった答えにもなることを期待する．

本書の内容と構想のヒントになるきわめて多くのことを竹居正登さんに教えていただいた．深く感謝する．原稿にも多数のご指摘をいただいたが，残っている誤りなどはもちろん筆者の責任である．

大越さんはじめ共立出版の皆様には，前回出版していただいた [10] の折から長くお世話になっている．学術と出版を取り巻く厳しい状況の中で新しい書の刊行を引き受けて下さったことに深く感謝する．

2018 年 9 月　　服部哲弥

（あとがきを兼ねた）専門家へのまえがき

 以下は基礎教科書としてはおそらくあとがきの内容だが，あとがきと目次を読めば本文がわかる読者にあとがきを探す手間を省いていただくために背景文献一覧を兼ねてここに置く．

 いわゆる大数の強法則も本書で紹介する完全法則も算術平均の概収束，すなわち，確率空間上の関数の偏差の和と項数の比が確率1の各点で0に収束することを言うが，強法則の和は部分和が対応する項数の和に等しいのに対して，完全法則は部分和自体が独立な場合も0に収束することを言う．たとえば大数の強法則を4次モーメント有限の場合に限ると短い証明ですむことにその痕跡が見える．

 大数の完全法則の定義を初めて与えた [19] は分散有限な実数値の独立同分布確率変数列で大数の完全法則が成り立つことを証明し，[4, 5] は分散有限が同値条件であることを証明した．前者は特性関数の評価に基づいて証明したが，後者はモーメントの級数評価による別証明を与えた．本書は前半で後者の Erdős による大数の完全法則の証明を紹介する．古典ながら和書での紹介が少なく見えるので書き留めることにしたが，前半は基礎事項なので飛ばし読み可能である．

 偏差の算術平均は線形演算なので，大数の法則を実数値独立確率変数列から線形空間値に一般化したくなる．可分 Banach 空間値独立確率変数列の大数の強法則は成書 [23] がある．可分性を用いて可算集合値独立確率変数列に帰着するので，完全法則も（成書は見当たらなかったが）同様にできようが，非可分空間値は冒頭から枠外である．非可分空間値独立確率変数列の収束の測度論の枠内で定式化，言い換えると，非可分空間の直積ボレル測度の構成に困難があることは，たとえば [1] に指摘がある．同書は，実数上の右連続左

有極限関数の集合で一様評価のノルムを考える非可分空間の基礎的な例において，Skorokhod 距離に変更して可分空間化する周知の回避策を採用する．逆に，一様評価のノルムを可測性よりも優先して，外測度と外積分からやり直す Hoffmann–Jorgensen の流れにたとえば [24] の成書がある．

数理統計学の古典的定理の 1 つである Glivenko–Cantelli の定理は関数列の和の一様収束を扱う極限定理だが，非可分ボレル可測空間に基づく独立確率変数列は扱わず，ノルムをとった結果は実確率変数であるような定式化なので，前段落の問題はない．この定理は確率論の極限定理ではあるけれども確率論の基礎教科書では見かけないが，本書では完全収束版に強化して単調な関数に値をとる場合に一般化して紹介する．一様評価のノルムで完全収束という強い収束があると，そこからの数学的な摂動論によって，より複雑な系の大数の法則が証明しやすい [11, 13, 14, 15, 16]．

線形空間値確率変数という枠組での統一は困難があるが，線形空間における正負の打ち消しに限定すれば，実数の集合 $\mathbb{R}$ と単調関数の空間には一般化した Khintchine の不等式という共通の性質がある．Khintchine の不等式は実数列の各項の正負についての算術平均を 2 乗の和で評価する線形空間としての $\mathbb{R}$ の性質である．この不等式から，偏差の和の正負の打ち消しの分散の和による評価という大数の完全法則の本質を意味する，Marcinkiewicz–Zygmund 不等式が導かれる．本書後半では Khintchine の不等式を一様評価のノルム付き有界変動関数の空間 $BV(\mathbb{R})$ を含む形で一般化して暫定的に $K'_{U,r,q}$ と名付けた．$K'_{U,r,q}$ の添字において U は単調関数の部分集合が役割を果たすことを意味し，$r > 1$ が偏差の正負の打ち消し合いの効果を意味する．中心極限定理が示唆するのは $r = 2$ だが，$1 < p < \infty$ なる L^p ノルムに対して自然に得るのは $r = p \wedge 2$ である．q は和の q 乗の平均を評価する意味だが，MOBD を有限 Rademacher 列に適用することで，集中不等式を得て，ある q で $K'_{U,r,q}$ が成り立てば任意の q で成り立つことが言える．確率論の初等教科書からこぼれ落ちがちに見える基礎事項のいくつかをこの形で含めた．

最終章では，一般化した Khintchine の不等式からどの程度の数学があれば大数の完全法則と呼びうる統一的な扱いを得るかについて考察する．結果は隔靴掻痒感があるが，選択と集中の時代に，はやらないように見える初等事

項のマニアックな抽出整理を細々と残す意義を期待することにした．

　なお，副題に見覚えのある向きに，[17] は従属性が大数の法則にもたらす劇的な変化を扱う名著，本書は独立確率変数列にとどまる門前編である．

目　次

第 1 章　大数の法則　　*1*

- 1.1　積み上げることと正負の打ち消しと　　*1*
- 1.2　大数の強法則　　*5*
- 1.3　ランダムウォークとアボガドロ数　　*14*
- 1.4　大数の完全法則の証明のあらすじ　　*19*
- 1.5　グリヴェンコ・カンテリの定理　　*21*

第 2 章　実確率変数の不等式と収束のオーソドックスな入門　　*27*

- 2.1　基礎不等式　　*27*
- 2.2　収束と距離　　*34*
- 2.3　実確率変数列の確率収束　　*37*
- 2.4　実確率変数列の概収束　　*42*
- 2.5　実確率変数列の完全収束　　*50*

第 3 章　独立実確率変数列の大数の完全法則の証明　　*57*

- 3.1　大数の完全法則の証明　　*57*
- 3.2　ヒンチンの不等式　　*63*
- 3.3　イェンセンの不等式と条件付き期待値　　*68*
- 3.4　マルチンケヴィチ・ジグムンドの不等式　　*72*
- 3.5　大数の強法則の初等的証明　　*76*

第4章 セミノルム付き線形空間の少しマニアックな入門　*83*

- 4.1 セミノルム付き線形空間 *84*
- 4.2 ヒンチンの不等式の一般化（性質 $K_{r,q}$ と $K'_{U,r,q}$）..... *86*
- 4.3 有限次元線形空間のノルム *89*
- 4.4 有限次元線形空間は性質 $K_{2,q}$ を持つ *102*
- 4.5 有界差異法による $K'_{U,r,q}$ の $q=1$ への帰着 *104*

第5章 有界変動関数の空間と一般化したグリヴェンコ・カンテリの定理　*113*

- 5.1 単調関数の基礎性質 *114*
- 5.2 有界変動関数の線形空間 $BV(\mathbb{R})$ *118*
- 5.3 $BV(\mathbb{R})$ は性質 $K_{r,q}$ を持たないが性質 $K'_{U,2,q}$ を持つ ... *122*
- 5.4 単調関数値に一般化したグリヴェンコ・カンテリの定理 ... *127*
- 5.5 L^p 空間は性質 $K_{2\wedge p,q}$ を持つ *134*

第6章 一般化ヒンチンの不等式と線形空間値大数の完全法則　*141*

- 6.1 パンドラの箱 *141*
- 6.2 セミノルム付き線形空間値列の完全収束 *149*
- 6.3 確率空間と確率変数列への要請 *151*
- 6.4 セミノルム付き線形空間値の大数の完全法則 *156*
- 6.5 例：一様評価のノルム付き線形空間再訪 *163*

参考文献　*169*

索　引　*171*

第1章
大数の法則

1.1 積み上げることと正負の打ち消しと

本書のテーマである大数の法則は,「正負の打ち消しで小さくなる」という原則に属する言葉である.

「積み上げると大きくなる」を対照的な原則とすると,後者の最初の課題は限りなく大きくなるか否かであろう.基礎中の基礎で申し訳ないが,

$$\zeta(s) = \sum_{n=1}^{\infty} \frac{1}{n^s} \tag{1.1}$$

と置くと,$s > 1$ のとき,積分を知っていれば大きいほうから不等式で抑えることで,

$$\zeta(s) = \sum_{N=1}^{\infty} \frac{1}{N^s} < 1 + \sum_{N=2}^{\infty} \int_{N-1}^{N} \frac{1}{x^s} dx$$
$$< 1 + \int_{1}^{\infty} \frac{1}{x^s} dx = 1 + \left[\frac{1}{(1-s)x^{s-1}}\right]_{1}^{\infty} = \frac{s}{s-1} < \infty$$

となって,収束することがわかるし,$s = 1$ のときは発散する積分で下から抑えることで

$$\zeta(1) = 1 + \frac{1}{2} + \frac{1}{3} + \cdots = \sum_{N=1}^{\infty} \frac{1}{N} > \int_{1}^{\infty} \frac{1}{x} dx = [\log x]_{1}^{\infty} = \infty \tag{1.2}$$

となって,発散することがわかる.$\zeta(s)$ という単純な級数を,積分というより難しい概念で評価した粗暴と,級数の和の定義を部分和の数列の極限として書かなかった横着をご容赦いただければさいわいである.

量を測るとは集合に非負の実数を対応させることである．共通部分のない和集合には個別に対応させた数の和を対応させることで，長さや面積という数字を抽象化し，和の極限（級数）まで許した概念は測度と呼ばれる．級数までならば量を測る概念の数学的理想化とすることが矛盾なく可能というのが，測度論という数学の土台であり，確率もその例となる．起きそうで起きなかったことに確率という名の0以上1以下の数値を与える．現実においてどう与えるかという問題は数学の外に追い出して，確率という名の測度が与えられたとしたら何が言えるかに問題を限定して数学としての確率論を始める．大数の法則もその中の1つの定理である．

　話を戻して，正負の打ち消しの例として，上で発散した級数の正負を項ごとに逆にすると，

$$1 - \frac{1}{2} + \frac{1}{3} - \frac{1}{4} + \cdots = \left(1 - \frac{1}{2}\right) + \left(\frac{1}{3} - \frac{1}{4}\right) + \cdots$$
$$= \sum_{m=1}^{\infty} \left(\frac{1}{2m-1} - \frac{1}{2m}\right) = \sum_{m=1}^{\infty} \frac{1}{2m(2m-1)}$$

なので，

$$0 < 1 - \frac{1}{2} + \frac{1}{3} - \frac{1}{4} + \cdots < \frac{1}{2} + \sum_{m=2}^{\infty} \frac{1}{(2m-2)^2} = \frac{1}{2} + \frac{1}{4} \sum_{n=1}^{\infty} \frac{1}{n^2}$$

となって，先ほどの計算結果に含まれていた $\zeta(2) < \infty$ から収束する．不思議ではないとはいえ，正負が混在して収束する級数において符号を揃えると発散することがある．

　積み上げると増える原則における収束か発散かの課題に対応して，正負が打ち消す際の最初の課題は0に近づくか否かであろう．乱暴な対比だが，数学的統一が成った測度に比べると，正負が打ち消して0に収束する数学的理由は，統一的というよりも多様に見える．大数の法則は確率論における「正負が打ち消して0に収束する」原則の1つの実現である．多様ということは，少し深入りしないと仕組みが見えないということでもあるので，確率論に立ち入りつつもうしばらく直感的な話を続ける．

　表と裏が等確率の硬貨を投げて表ならば1進み裏ならば1戻るすごろくを

考える．$k = 1, 2, \ldots$ に対して k 歩目の動きを X_k で表すと，X_k は ± 1 のいずれかの値をそれぞれ確率 $\frac{1}{2}$ でとる確率変数であり，N 歩目終了時点でのコマの位置は $S_N = \sum_{k=1}^{N} X_k$ である．平均すると 1 歩あたり $\frac{1}{N} S_N$ 進んだ計算である．硬貨投げの結果が k 回すべて表ならば前進のみなのでこの値は $+1$，逆に後退のみならばこの値は -1，多くの場合は N 歩の間に前進と後退が起きて -1 より大きく $+1$ 未満で，$\frac{1}{N} S_N$ は同じ k 歩でも運不運で試行によって値が異なる確率変数である．

すごろくの盤上にいくつものコマがあるとき，そのうちの 1 つを選んで未来永劫の命運をそのコマと共にする決心をして N を大きくしたとき，算術平均 $\frac{1}{N} S_N$，すなわち，大局的な 1 歩あたりの平均歩幅が，最初にどのコマを選んでも運不運によらず（精密に書くと，確率 1 で）期待値に収束するというのが大数の強法則である．i 歩目の 1 歩について，$\mathrm{P}[X_k = 1] = \mathrm{P}[X_k = -1] = \frac{1}{2}$ から，その期待値は

$$\mathrm{E}[X_k] = 1 \times \mathrm{P}[X_k = 1] + (-1) \times \mathrm{P}[X_k = -1] = 0$$

となるので，$\mathrm{E}\left[\frac{1}{N} S_N\right]$ は，期待値の線形性から

$$\mathrm{E}\left[\frac{1}{N} S_N\right] = \frac{1}{N} \sum_{k=1}^{N} \mathrm{E}[X_k] = 0$$

となる．よって，大数の強法則はコマの位置と動きの回数の比 $\frac{1}{N} S_N$ が，選んだコマの運不運に関係なく N を大きくすると 0 に近づくことを言う．

注目するのは，期待値からのずれ（偏差 $X_k - \mathrm{E}[X_k]$）の正負が，確率変数 X_k の和の個数 N を増やすとともに打ち消して消える様子である．偏差の大きさのもっとも手軽な目安として知られる分散は，k 歩目の 1 歩について

$$\mathrm{V}[X_k] = \mathrm{E}[(X_k - \mathrm{E}[X_k])^2] \tag{1.3}$$

で定義され，既に計算した $\mathrm{E}[X_k] = 0$ と，$X_k^2 = 1$ が硬貨の表裏に関係なく成り立つことを順に用いると，$\mathrm{V}[X_k] = 1$ となる．大局的な 1 歩あたりの分

散は，分散が 2 乗の期待値で定義されていることと定義 (1.3) と期待値の線形性からわかる

$$\mathrm{V}[\,aX\,] = \mathrm{E}[\,(aX - \mathrm{E}[\,aX\,])^2\,] = a^2 \mathrm{V}[\,X\,], \quad a \in \mathbb{R} \tag{1.4}$$

および独立確率変数列の和の分散の加法性を使うと

$$\mathrm{V}\left[\frac{1}{N}S_N\right] = \frac{1}{N^2}\mathrm{V}\left[\sum_{k=1}^{N}X_k\right] = \frac{1}{N^2}\sum_{k=1}^{N}\mathrm{V}[X_k] = \frac{1}{N} \tag{1.5}$$

となるので，歩数 k が大きくなると 0 に収束する．算術平均 $\frac{1}{N}S_N$ の偏差は 1 歩ごとの偏差の正負の打ち消しによって極限で消えて，運不運に関係なく期待値に収束すると期待する．

　比較のために大数の強法則が成り立たない例を考える．硬貨を最初に 1 回だけ投げて表が出れば以後毎回 1 歩ずつ前進し，裏が出れば毎回後退するすごろくを考える．N 歩目の位置を表す確率変数を S_N' と置くと，$S_N' = \pm N$ の 2 通りの可能性しかなく，1 歩あたりに換算すると，硬貨が表ならば N 歩の前進の結果 $\frac{1}{N}S_N' = 1$，裏ならば $\frac{1}{N}S_N' = -1$ となって，異なる定数をとり続ける．大数の強法則のような，運不運によらない共通の値に収束することはない．ちなみに，期待値については S_N と同様に $\mathrm{E}\left[\frac{1}{N}S_N'\right] = 0$ である一方，分散は，$\left(\frac{1}{N}S_N'\right)^2 = 1$ が運不運に関係なく成り立つことに注意すると，

$$\mathrm{V}\left[\frac{1}{N}S_N'\right] = \mathrm{E}\left[\left(\frac{1}{N}S_N'\right)^2\right] = \mathrm{E}[1] = 1$$

となって，N を増やしても 0 には近づかない．硬貨投げが最初の 1 回限りのため $X_1 = X_2 = \cdots$ が成り立ち，算術平均の和の素材である X_k たちが独立でない．X_k たちの間で正負が打ち消し合い続けることが，算術平均が小さくなるために必須である．正負が打ち消して算術平均が期待値に収束するという描像を，算術平均の分散が極限で消えることで定式化して大数の強法則を証明するという道筋が見える．実際の証明は少し込み入るが，本書でそれを紹介する．

ここまで硬貨投げと呼んできたが，±1 を半々の確率でそれぞれとる独立な確率変数の列はラーデマッヘル列とも呼ばれる．硬貨投げの趣旨からは表と裏を区別すればよいので，±1 を割り当てる必要はないが，平均が 0 なので大数の法則ではこの割り当てが便利なことが多い．なお本書では用いないが，表裏に 1 と 0 を割り当てることもよく行われる．0 と 1 を半々の確率でとる独立な確率変数の列はベルヌーイ列と呼ばれる．こちらの割り当ての 1 つの利点は，硬貨投げを繰り返して 0 と 1 の無限列を得たとき，それを 2 進法の小数点以下とみなすことで，0 以上 1 以下の実数に対応させやすい点である．つまり，各項が 0 または 1 の数列 $\{a_k\}$ に対して $\sum_{k=1}^{\infty} \frac{a_k}{2^k} \in [0,1]$ を対応させる．こうして無限硬貨投げという無間地獄の運だめしに実数によって整理番号を自然に付けられる．日常生活の整理番号が自然数なのに比べて，整理番号が無限小数すなわち実数である．

他にもやや専門的な用語を説明抜きで用いたが，節を改めて順次紹介する．

1.2　大数の強法則

大数の法則は 1 つの定理というよりは一群の定理の総称である．広い範囲の定理を大数の法則と呼ぶことができるが，話のとっかかりのために，典型的な定理を数式を使わずに書く．

定理 1.1　独立同分布な実確率変数列の算術平均を並べた確率変数列は，分布の平均が有限ならばその平均値に概収束する． ◇

本書は証明技術の紹介に少し深入りしたいので，早速数式を使った形に書き直す．

定理 1.2（定理 1.1 の書き換え）　確率空間 $(\Omega, \mathcal{F}, P)$ 上の実確率変数 $X\colon \Omega \to \mathbb{R}$ が有限な期待値 $\mathrm{E}[X] \in \mathbb{R}$ を持つとし，実確率変数列 $X_k\colon \Omega \to \mathbb{R}$, $k = 1, 2, \ldots$ が独立で，各 k について X_k が X と同分布とすると，

$$\lim_{N \to \infty} \frac{1}{k} \sum_{k=1}^{N} X_k = \mathrm{E}[X], \ a.e. \tag{1.6}$$

が成り立つ. ◇

　本書では確率論の慣例に従って以後確率空間 $(\Omega, \mathcal{F}, P)$ は固定したものとして，毎回の言及を省略する．(1.6) の左辺の算術平均は $\omega \in \Omega$ によって値が異なる可能性がある．これに対して，右辺は ω によらないことが大数の法則の 1 つの特徴である．

　先に進む前に，以下定理 1.2 に出てきた範囲で本書で用いる基礎的な記号の最小限度の定義と説明を加えるが，やや長くなるので，定理 1.2 の記号の見当がつく読者は 1.3 節以降に進んでいただいて差し支えない．

　注目するのは実確率変数の値の分布，言い換えると実数の集合 $\mathbb{R}$ の上の確率だが，確率変数の素朴な使い方に寄り添った標準的な書き方は，集合 Ω とその上の確率測度 P を先に用意して，Ω 上の実数値ボレル可測関数 $X: \Omega \to \mathbb{R}$ を実確率変数と呼ぶ．「ボレル可測関数」は数段落の用語の準備の後にもう少し説明するが，「期待値を計算できる関数」と言い換えて差し支えない．「実」は値が実数という意味である．本書後半では一般の線形空間に値をとる Ω 上の関数列も考えるが，本書前半では実数値の関数（実確率変数）たちしか考えない．

　考察の対象である実数や実数列の集合上の確率測度をいきなり考えずに「親分」の集合 Ω の上に確率測度 P を用意するのは，確率変数の素朴な使い方に沿う．たとえば，証明で補助的な確率を考察する際に，実数上だけで考えると結合分布と呼ばれる確率測度をあらたに用意することになるが，Ω と P を先に用意しておけば，対応する補助的な関数（確率変数）$Y: \Omega \to \mathbb{R}$ を導入すればよく，Ω と P は（そのような確率変数が用意できる程度に最初から複雑だったと思い直すだけで）記号を書き換えなくてもよい点で便利である．

　確率測度 P は集合関数なので，定義域を $\mathcal{F}$ と書くと，$\mathcal{F}$ は Ω の部分集合たちである．$\mathcal{F}$ は（Ω の要素の）集合の集合だが，混乱を招かないように，対象としている集合 Ω の部分集合を集めた集合を慣例に従って集合族と呼びわける．

　ある集合関数が確率測度と呼べるためにはコルモゴロフの公理と呼ばれる性質を満たすことが条件（確率測度の定義）である．既にわかっている読者にしか

わからない覚悟でできるだけ短く書くと，定義域 $\mathcal{F}$ は σ (シグマ) 加法族, すなわち, 可算和集合と補集合の演算で閉じていて, $P: \mathcal{F} \to \mathbb{R}$ は非負値で $P[\Omega] = 1$ と σ 加法性, すなわち, どの 2 つも共通部分を持たない集合列 $A_k \in \mathcal{F}$, $k = 1$, 2, ... に対して $P\left[\bigcup_{k\in\mathbb{N}} A_k\right] = \sum_{k=1}^{\infty} P[A_k]$ を満たすとき P を確率測度と呼ぶ. $A \in \mathcal{F}$ とは確率 $P[A]$ が定義されているということなので, $A \in \mathcal{F}$ であることを（大きさが測れる集合という意味で）A は可測集合であるとも言う．

最初に戻って，実確率変数 $X: \Omega \to \mathbb{R}$ の値の分布を考えるのが目的だが, たとえば「X の値が a 以上 b 未満である確率」という表現は数式では

$$P[a \leqq X < b] = P[\{\omega \in \Omega \mid a \leqq X(\omega) < b\}] \tag{1.7}$$

の左辺または右辺の書き方がある．確率変数は Ω 上の関数で確率測度は Ω 上の集合関数なので，数学の記号としては右辺が正しい書き方だが，本書では ω に関する記号をすべて略して左辺のような表記を主に用いる．$(\Omega, \mathcal{F}, P)$ は固定したので明記しなくてもわかるという理由の他に，左辺が「確率変数 X が a 以上 b 未満である確率」という言い方に沿うことも理由である．

ところで，P と X をまとめて先に与えられたものと考えると，$P[a \leqq X < b]$ は実数の区間 $[a, b)$ で決まる実数値と見ることができるので, (1.7) は $\mathbb{R}$ 上の確率測度があって部分集合 $[a, b) \subset \mathbb{R}$ の確率が $P[a \leqq X < b]$ という実数値に等しいと見ることができる．こうして，「確率空間 $(\Omega, \mathcal{F}, P)$ 上の実確率変数 $X: \Omega \to \mathbb{R}$」という言葉は，「実数上の確率測度 Q」という言葉を導く．対応関係は，通常の関数の逆像の記号

$$X^{-1}(G) = \{\omega \in \Omega \mid X(\omega) \in G\}, \quad G \subset \mathbb{R}$$

と写像の合成の記号 $(P \circ X^{-1})(G) = P[X^{-1}(G)]$ を (1.7) とともに用いて,

$$\begin{aligned} Q([a, b)) &= P[a \leqq X < b] = P[X \in [a, b)] = P[\{\omega \in \Omega \mid X(\omega) \in [a, b)\}] \\ &= (P \circ X^{-1})([a, b)), \end{aligned} \tag{1.8}$$

すなわち

$$Q = P \circ X^{-1} \tag{1.9}$$

で与えられる．X の値の分布を与えるこの確率測度を X の分布とも言う．確率を表すのでその定義域も σ 加法族だが，「値が a 以上 b 未満」という言葉どおり，$[a,b)$ のような区間の確率 $Q([a,b))$ が決まっている場合が重要である．$\mathbb{R}$ の部分集合たちを集めた σ 加法族のうち区間をすべて要素として持つものたちは 1 つとは限らないが，それらすべてに共通して含まれる部分集合たちだけをすべて集めた集合族も σ 加法族であることが定義からわかる．それを $\mathbb{R}$ のボレル σ 加法族と呼び，$\mathcal{B}(\mathbb{R})$ と書く．$\mathcal{B}(\mathbb{R})$ を定義域とする確率測度をボレル確率測度と言う．P では変数となる集合を $[A]$ と，大括弧で囲い，Q は小括弧で囲ったが，深い意味はない．P は (1.7) のように ω についての集合表記を省略することが多いことへの注意程度の意味である．そして，数段落前の実数値ボレル可測関数という用語は，以上の内容，つまり値の分布がボレル確率測度であることが保証される関数ということが定義である．

式で書くと，確率空間 $(\Omega, \mathcal{F}, \mathrm{P})$ 上の関数 $X \colon \Omega \to \mathbb{R}$ が実確率変数であるとは，実数値ボレル可測関数であること，すなわち，実数の部分集合 $G \subset \mathbb{R}$ がボレル集合 ($G \in \mathcal{B}(\mathbb{R})$) ならば

$$X^{-1}(G) \in \mathcal{F} \tag{1.10}$$

であることを言い，実確率変数 X の分布は実数上のボレル確率測度 $(\mathbb{R}, \mathcal{B}(\mathbb{R}), \mathrm{P} \circ X^{-1})$ である．

実確率変数の典型例は，特定の可測集合 $A \in \mathcal{F}$ (つまり，集合 $A \subset \Omega$ で，確率 $\mathrm{P}[A]$ が定義されているもの) の上で 1，それ以外で 0 となる関数である．これを今後 $\mathbf{1}_A$ と書く．式で書くと

$$\mathbf{1}_A(\omega) = \begin{cases} 1, & \omega \in A, \\ 0, & \omega \in A^c \end{cases} \tag{1.11}$$

で定義される関数 $\mathbf{1}_A \colon \Omega \to \mathbb{R}$ である．ここで集合 A に対して補集合を A^c と書いた．実数値としたが実際は 0 か 1 の値しかとらないので，$\mathbf{1}_A \colon \Omega \to \{0, 1\}$ と値域を限定してもよい．この種の関数の値域の明示についての融通はこの先断らない．

定理 1.1 では分布の平均と書いたが，確率変数の値の分布の平均を確率変

数の期待値と呼び $\mathrm{E}[X]$ と書く．期待値の定義と基礎性質も最小限の説明を証明抜きでまとめておく．まず確率変数 $\mathbf{1}_A$ の期待値は

$$\mathrm{E}[\,\mathbf{1}_A\,] = \mathrm{P}[\,A\,] \tag{1.12}$$

である．期待値の線形性

$$\mathrm{E}\left[\sum_{i=1}^{k} r_i X_i\right] = \sum_{i=1}^{k} r_i \mathrm{E}[X_i], \quad r_i \in \mathbb{R},\ X_i \colon \Omega \to \mathbb{R},\ i = 1, 2, \ldots, k \tag{1.13}$$

を $X_i = \mathbf{1}_{A_i}$ の形の確率変数たちに用いると，有界な非負値の確率変数に値をとる確率変数 X は (1.13) の係数 r_i たちを細かくたくさん選ぶことで，各点 $\omega \in \Omega$ での関数の差 $X(\omega) - \sum_{i=1}^{k} r_i\,\mathbf{1}_{A_i}(\omega)$ が一様に小さくなるようにできるので，近似の極限によって非負値確率変数の期待値が定義される．(1.13) において r_i たちを細かく選ぶと同時に大きな値の打ち切り（r_i たちの最大値）も大きくしていけば，有界とは限らない任意の非負実数値確率変数に対して近似の極限で期待値が定義される．ただし，打ち切りを大きくした極限で近似期待値列が正の無限大 $+\infty$ に発散する可能性があるので，非負値確率変数の期待値は $\mathbb{R}_+ \cup \{+\infty\}$ の値を許して必ず確定するという言い方になる．本書では非負実数の集合 $\{x \in \mathbb{R} \mid x \geq 0\}$ を $\mathbb{R}_+$ と略記する．後で再び注意する機会があるが，「期待値がある」という表現は，$+\infty$ ではなく実数値であるという意味を含むものとする．

確率変数列の期待値を定義するにあたって期待値の列の極限に言及した．これについては単調収束定理が基本である．$X_n \colon \Omega \to \mathbb{R}$, $n = 1, 2, \ldots$ が各点で n について増加する（非減少な）非負実確率変数列，すなわち，各 $\omega \in \Omega$ に対して $0 \leqq X_1(\omega) \leqq X_2(\omega) \leqq \cdots$ を満たすならば，各点ごとに $\{X_k(\omega)\}$ は単調な実数列だから $+\infty$ を許す意味での極限があるので，それを ω に対応させる関数を $\lim_{n \to \infty} X_n$ と書くと，これは確率変数であって，その期待値は

$$\mathrm{E}\left[\lim_{n \to \infty} X_n\right] = \lim_{n \to \infty} \mathrm{E}[X_n] \tag{1.14}$$

によって決まる．ただし極限として $+\infty$ を許す．（n について減少する列で

も (1.14) は成り立つ.)

証明は省いたが (1.14) の証明では，期待値の単調性

$$X(\omega) \leqq Y(\omega),\ \omega \in \Omega, \quad \Rightarrow \quad \mathrm{E}[X] \leqq \mathrm{E}[Y] \qquad (1.15)$$

を用いる．これは線形性と非負値関数の期待値が非負値であることからわかる．

ここまで非負値確率変数の定義と最小限の性質をまとめたが，非負とは限らない一般の確率変数 X については，正負の部分 $X_\pm = \frac{1}{2}(X \pm |X|)$（複号同順）にわけると，$X_\pm$ それぞれは非負値確率変数なので $\mathrm{E}[X_\pm]$ は（$+\infty$ または非負実数値に）必ず決まるので，$\mathrm{E}[X] = \mathrm{E}[X_+] - \mathrm{E}[X_-]$ で期待値を定義する．ただし右辺の 2 項とも $+\infty$ のとき引き算は意味を持たないので，$\mathrm{E}[X] = \pm\infty$ という記号は便利なので使うが横着な略記ということにして，実確率変数 X の期待値があるとは，$X = X_+ - X_-$ において $\mathrm{E}[X_+]$ と $\mathrm{E}[X_-]$ 両方とも実数値であることを言い，期待値は実数値 $\mathrm{E}[X] = \mathrm{E}[X_+] - \mathrm{E}[X_-]$ を指すことにする．したがって特に，X の期待値があるということは X の絶対値の期待値

$$\mathrm{E}[|X|] = \mathrm{E}[X_+] + \mathrm{E}[X_-] \qquad (1.16)$$

が実数値（有限）という意味と同値である．ついでに，今書いた 2 つの式と絶対値についての三角不等式 $|a+b| \leqq |a| + |b|$ から

$$|\mathrm{E}[X]| = |\mathrm{E}[X_+] - \mathrm{E}[X_-]| \leqq \mathrm{E}[X_+] + \mathrm{E}[X_-] = \mathrm{E}[|X|] \qquad (1.17)$$

である．

測度論に基づく期待値の定義の速成コースを急いだが，確率測度という集合関数を実確率変数という実数値関数とその期待値に翻訳すると実数値関数に慣れている身にはわかりやすい．たとえば，和集合の定義から (1.11) の関数を用いて

$$\mathbf{1}_{A \cup B \cup C} \leqq \mathbf{1}_A + \mathbf{1}_B + \mathbf{1}_C$$

が成り立つので，両辺の期待値をとって期待値の基本定義 (1.12) と線形性 (1.13) を用いると，有限劣加法性

$$\mathrm{P}[A \cup B \cup C] \leqq \mathrm{P}[A] + \mathrm{P}[B] + \mathrm{P}[C] \qquad (1.18)$$

1.2 大数の強法則

を得る.

実確率変数の（本書では絶対値の）べきの期待値をモーメントと呼び，べきの大きさを次数と呼ぶ．定理 1.2 の仮定である $\mathrm{E}[X]$ の存在は (1.16) のところで説明したように $\mathrm{E}[|X|] < \infty$ と同値で，1 次モーメントの存在（有限）が仮定である．これに対して 1.3 節で紹介する定理 1.3 の仮定は 2 次モーメントの存在 $\mathrm{E}[|X|^2] < \infty$ に相当する．証明に用いる基礎公式の 1 つを先取りすると，実確率変数の絶対値のモーメントは，

$$0 < p \leqq q \quad \Rightarrow \quad \mathrm{E}[\,|X|^p\,]^{1/p} \leqq \mathrm{E}[\,|X|^q\,]^{1/q} \tag{1.19}$$

という形の次数についての単調性が成り立つ．なお，(1.19) は（やや横着で申し訳ないが）低次のモーメントが存在しないならば高次のモーメントも存在しないこと，つまり $\mathrm{E}[|X|^p] = \infty$ ならば $\mathrm{E}[|X|^q] = \infty$ となることも含めている．たとえば，定理 1.2 は後述の定理 1.3 よりも，登場する確率変数たち共通の分布についての仮定が弱く，より多くの実確率変数列について成り立つ．

なお，X に関する定理 1.2 の仮定が定理 1.3 の仮定よりも真に弱いこと，つまり，$\mathrm{E}[|X|] < \infty$ かつ $\mathrm{E}[|X|^2] = \infty$ となる例は存在する．たとえば，1.1 節の (1.1) で用意した $\zeta(s)$ は，1.1 節で見たとおり，$s > 1$ のとき $\zeta(s) < \infty$ で，$\zeta(1) = \infty$ である．そこで，

$$\mathrm{P}[\,X = n\,] = \frac{1}{\zeta(3)\,n^3}, \quad n = 1, 2, \ldots \tag{1.20}$$

を満たす確率変数 $X: \Omega \to \mathbb{R}$ を考えると，$\sum_{n=1}^{\infty} \mathrm{P}[\,X = n\,] = 1$ となるので，X は自然数の値をとる非負実確率変数で，

$$\mathrm{E}[\,X\,] = \sum_{n=1}^{\infty} n \times \mathrm{P}[\,X = n\,] = \frac{1}{\zeta(3)} \sum_{n=1}^{\infty} \frac{1}{n^2} = \frac{\zeta(2)}{\zeta(3)} < \infty$$

となって期待値が存在するが，

$$\mathrm{E}[\,X^2\,] = \sum_{n=1}^{\infty} n^2 \times \mathrm{P}[\,X = n\,] = \frac{1}{\zeta(3)} \sum_{n=1}^{\infty} \frac{1}{n} = \frac{\zeta(1)}{\zeta(3)} = \infty$$

となって2次モーメントは存在しない（発散する）．

以上は測度論という数学の枠組で定式化した確率論の概略だが，定理 1.1 で使った用語に，あと少し，独立，同分布，概収束という確率論特有の専門用語が残っている．

実確率変数たち $X_1, \ldots, X_k$ が独立とは，どんな実数のボレル集合たち $G_i \in \mathcal{B}(\mathbb{R})$, $i = 1, 2, \ldots, k$ についても

$$P[X_i \in G_i,\ i = 1, \ldots, k] = \prod_{i=1}^{k} P[X_i \in G_i] \tag{1.21}$$

が成り立つことを言う．左辺は $\{\omega \in \Omega \mid X_i(\omega) \in G_i\}$ という形の集合の共通部分の確率，右辺はそれぞれの確率の積である．(1.12) と $(fg)(\omega) = f(\omega)\,g(\omega)$ で定義される関数の積を用いて両辺を書き直すと

$$E\left[\prod_{i=1}^{k} \mathbf{1}_{X_i \in G_i}\right] = \prod_{i=1}^{k} E[\mathbf{1}_{X_i \in G_i}]$$

と書き直せる．この等式と，線形性 (1.13) のところで行った近似列の考察を Ω 上の可測関数の代わりに $\mathbb{R}$ 上の可測関数に対して行うことで，X_i たちが独立ということから，実数上の任意の有界実数値可測関数列 $f_i \colon \mathbb{R} \to \mathbb{R}$, $i = 1, \ldots, k$ に対して

$$E\left[\prod_{i=1}^{k} f_i(X_i)\right] = \prod_{i=1}^{k} E[f_i(X_i)] \tag{1.22}$$

が成り立つことがわかる．ここで，確率論の習慣で，可測関数（確率変数）$X \colon \Omega \to \mathbb{R}$ と $f \colon \mathbb{R} \to \mathbb{R}$ の合成関数 $f \circ X$ を $f(X)$ などと書いた．

たとえば，X, Y が独立ならば (1.22) を $k = 2$, $X_1 = X$, $X_2 = Y$, $f_1(x) = x - E[X]$, $f_2(x) = x - E[Y]$ として用いたのちに期待値の線形性を用いると

$$E[(X - E[X])(Y - E[Y])] = E[X - E[X]]\,E[Y - E[Y]]$$
$$= (E[X] - E[X])\,E[Y - E[Y]] = 0$$

なので，(1.5) で既に使ったが，独立実確率変数列の分散の加法性

1.2 大数の強法則

$$\begin{aligned}
\mathrm{V}[\,X+Y\,] &= \mathrm{E}[\,((X-\mathrm{E}[\,X\,])+(Y-\mathrm{E}[\,Y\,]))^2\,] \\
&= \mathrm{E}[\,(X-\mathrm{E}[\,X\,])^2+2(X-\mathrm{E}[\,X\,])(Y-\mathrm{E}[\,Y\,])+(Y-\mathrm{E}[\,Y\,])^2\,] \\
&= \mathrm{V}[\,X\,]+\mathrm{V}[\,Y\,]
\end{aligned} \tag{1.23}$$

を得る.

(1.11) では $A \subset \Omega$ に対して $\mathbf{1}_A$ を Ω 上の関数 $\mathbf{1}_A\colon \Omega \to \{0,1\}$ としたが，以下，記号を流用して，他の空間，たとえば，$A \subset \mathbb{R}$ に対して $\mathbf{1}_A$ を $\mathbb{R}$ 上の関数 $\mathbf{1}_A\colon \mathbb{R} \to \{0,1\}$ として (1.11) と同様に定義する．この記号を使うと，$\mathbb{R}$ のボレル集合 $G_i \in \mathcal{B}(\mathbb{R})$ に対して $f_i = \mathbf{1}_{G_i}$ と選ぶことで，先ほどと逆に (1.22) から (1.21) を得るので，(1.22) が任意の $\mathbb{R}$ 上の実可測関数 f_i たちに対して成り立つことは X_i たちが独立なことと同値である．無限個の実確率変数の集合が独立なことはその中の任意の有限個の独立性で定義する．

実確率変数 X と Y が同分布とは $\mathrm{P}[\,X \in G\,] = \mathrm{P}[\,Y \in G\,]$ が任意の可測集合 $G \in \mathcal{B}(\mathbb{R})$ に対して成り立つことを言う．3 個以上の実確率変数列でも同様である．独立性の説明と同様の考察で，任意の有界実数値可測関数 $f\colon \mathbb{R} \to \mathbb{R}$ に対して

$$\mathrm{E}[\,f(X)\,] = \mathrm{E}[\,f(Y)\,]$$

が成り立つことと X と Y が同分布であることは同値である．

最後に，実確率変数列 Y_N, $N=1,2,\ldots$ が実確率変数 Y に概収束するとは，

$$\mathrm{P}\left[\lim_{N \to \infty} Y_N = Y\right] = 1 \tag{1.24}$$

が成り立つことを言う．「Y_N が Y に概収束する」という記述に近づくように

$$\lim_{N \to \infty} Y_N = Y,\ a.e.$$

とも書く．'a.e.' は almost everywhere に由来する．

ところで，これほどの数学的内容が詰め込まれた定義を満たす量が存在するか，つまり，要請する性質の間に矛盾は生じないか，定理の仮定や結論で書かれる量は 1 つに決まるかが問題になる．(実確率変数列の大数の法則については答えが肯定的だから多数の確率論の基礎教科書があり，本書はそれらの

「巨人の肩に乗って」少しよそ見もしようとしているので，既に以上の量があることを前提にして話を進めてきたが，念のため少し立ち入る．）まず，実確率変数については，値の分布，すなわち，実数 $\mathbb{R}$ 上の確率測度が存在するかという問題に行き着くが，これは測度論の最初で学ぶ測度の構成（外測度の可測集合への制限に基づく有限加法的測度の測度への拡張定理）が肯定的な答えである．次に本書で扱う大数の法則では独立実確率変数列を扱うが，これは個々の確率変数（ボレル可測関数）が与えられたとき，その値の分布の直積測度の一意存在の問題に帰着し，これも測度の構成によって同様に肯定的に解決する．最後に大数の法則では確率変数列の算術平均を扱うので，実確率変数列の線形結合が実確率変数であること（可測であること）も必要だが，これも測度論の最初で学ぶ通り常に成り立つ．たとえば和の可測性は有理数の集合 $\mathbb{Q}$ が可算集合であってかつ $\mathbb{R}$ で稠密なことを用いて

$$\{X+Y<a\} = \{Y<a-X\} = \bigcup_{q\in\mathbb{Q}}(\{Y<q\}\cap\{a-X>q\}) \quad (1.25)$$

から証明されるのであった．こうして独立実確率変数列の大数の法則の範囲では，扱う量に矛盾はなく一意的に定まり，（個々の確率変数の分布を仮定を満たすように与えるごとに）定理が成り立つ具体例が作れる．

速成コースではあったが，言葉で書いた定理 1.1 と式に直した定理 1.2 の関係の説明を終える．

1.3 ランダムウォークとアボガドロ数

定理 1.2 は大数の法則の重要な典型だが，本書は紹介されることがより少ない次の定理を紹介する．

定理 1.3 実確率変数 $X:\Omega\to\mathbb{R}$ が有限な期待値 $\mathrm{E}[X]$ と分散 $\mathrm{V}[X]$ を持つとする．各自然数 $N\in\mathbb{N}$ ごとに N 個の実確率変数 $X_k^{(N)}$, $k=1,2,\ldots,N$ があって，この 2 重添字の確率変数列

$$X_k^{(N)}, \quad k=1,2,\ldots,N,\ N=1,2,\ldots$$

が独立確率変数列で，各 $X_k^{(N)}$ が X と同分布ならば，

$$\lim_{N\to\infty} \frac{1}{N}\sum_{k=1}^{N} X_k^{(N)} = \mathrm{E}[\,X\,], \ a.e. \tag{1.26}$$

が成り立つ． ◇

定理 1.2 と定理 1.3 は確率変数列の算術平均が期待値に概収束するという点で「親戚筋」の定理であることはわかりやすいので，違いの概略を説明する．

まず，仮定するモーメントの存在の次数の違いは前に見たとおりである．定理 1.3 の仮定は分散有限と書いたが，2 次モーメント有限を仮定することと同値である．実際，分散の定義 (1.3) において，期待値をとる前に確率変数の 2 乗を展開してから期待値の線形性 (1.13) を用いると

$$\begin{aligned}\mathrm{V}[\,X\,] &= \mathrm{E}[\,X^2 - 2\mathrm{E}[\,X\,]\,X + \mathrm{E}[\,X\,]^2\,] = \mathrm{E}[\,X^2\,] - 2\mathrm{E}[\,X\,]^2 + \mathrm{E}[\,X\,]^2 \\ &= \mathrm{E}[\,X^2\,] - \mathrm{E}[\,X\,]^2\end{aligned} \tag{1.27}$$

を得るので，期待値が存在する（有限である）仮定の下で，分散有限と 2 次モーメント有限は同値である．

本書では割愛するが，モーメントの仮定の強弱に関連して，定理 1.3 の仮定が結論 (1.26) を導く上で最善（必要）であることが知られている．定理 1.3 の当初の証明である [19] は特性関数の細かい評価によるもので，逆は未証明だったが，本書で紹介する [4, 5] による別証明では分散の存在が必要十分なこと，つまり，定理 1.3 の設定から $\mathrm{V}[\,X\,] < \infty$ を除いて期待値 $\mathrm{E}[\,X\,]$ の存在と結論 (1.26) を仮定すると $\mathrm{V}[\,X\,] < \infty$ が導かれることを証明している．

ところで，最初に硬貨投げの例によって大数の法則で分散の性質が重要と示唆したことと，大数の強法則として周知の定理 1.2 が分散が発散しても成り立つことの整合性が，遡って，気になる．3.5 節で紹介する定理 1.2 の初等的証明の予告を兼ねて少し種明かしをすると，分散が発散するかもしれない確率変数を，大きな値と小さな値の和に書いて，期待値有限の仮定によって，大きな値の算術平均への寄与が項数を増やすと消え，小さな値の寄与は，硬貨投げの説明どおり，正負の打ち消しによって消えるように分解できる．素

朴な発想のとおり，分散の性質が証明に効くが，むしろ分解がうまくできる理由のほうに目が行く．標準的な教科書の横断数から始まりマルチンゲールに至る流れは，小さな値の正負の打ち消しとは異なる側面が周知の大数の強法則にはあることを示唆する．定理 1.3 のほうが偏差の正負の打ち消しという側面の強い定理と見える．

定理 1.2 と定理 1.3 のもう 1 点の，添字の微妙な違いに話を転じる．定理 1.3 について引用した [19] は，以下の対比によって完全収束を定義した．実確率変数列 Y_N, $N = 1, 2, \ldots$ と実確率変数 Y について，

確率収束： $(\forall \epsilon > 0) \lim_{N_0 \to \infty} \mathrm{P}[|Y_{N_0} - Y| > \epsilon] = 0,$

概収束： $(\forall \epsilon > 0) \lim_{N_0 \to \infty} \mathrm{P}\left[\bigcup_{N=N_0}^{\infty} \{|Y_N - Y| > \epsilon\}\right] = 0,$

完全収束： $(\forall \epsilon > 0) \lim_{N_0 \to \infty} \sum_{N=N_0}^{\infty} \mathrm{P}[|Y_N - Y| > \epsilon] = 0.$

ここで，ϵ をどんな（小さな）正の実数に選んでもその右の式が成り立つことを $(\forall \epsilon > 0)$ と書いた．

概収束の定義 (1.24) とここの概収束の式は見かけが違うが，実数列の収束との関係が見やすい短い式による定義 (1.24) を，[19] が出発点に置いた対比に便利な形に直したもので，両者が同値なことは第 2 章の命題 2.9 で証明する．なお，定理 1.2 では $Y_N = \frac{1}{N}\sum_{k=1}^{N} X_k$，定理 1.3 では $Y_N = \frac{1}{N}\sum_{k=1}^{N} X_k^{(N)}$，そして両者とも $Y = \mathrm{E}[X]$ として概収束を用いて定理を書いたが，上記各種収束の定義は算術平均で定義された列かどうかや列の独立性は問わない．

上記のように並べれば，集合の包含関係と確率測度の単調性から，完全収束すれば概収束し，概収束すれば確率収束することがわかるが，2.4 節と 2.5 節でその関係をもう少し説明する．なお，2.5 節の命題 2.14 ではより詳しく次の関係を証明する．どの定義でも Y は $Y_N - Y$ の形でしか入らないので，記述の簡単のために $Z_N = Y_N - Y$ と，Y_N と Y をひとまとめにして考えると，収束 $Y_N \to Y$ は $Z_N \to 0$ と同値である．このとき，実確率変数列 Z_N, $N = 1$, $2, \ldots$ が 0 に完全収束することは，各 N ごとに Z'_N が Z_N と同分布な，独立

実確率変数列 Z'_N, $N = 1, 2, \ldots$ が 0 に概収束することと同値である.

完全収束の概念を用いれば定理 1.3 は次のように大数の強法則（定理 1.2）と見比べやすい形に書き直せる.

定理 1.4（定理 1.3 の書き換え） 実確率変数 $X: \Omega \to \mathbb{R}$ が期待値 $E[X]$ と分散 $V[X]$ を持つ（有限である）とする. 実確率変数列 $X_k: \Omega \to \mathbb{R}$, $k = 1, 2, \ldots$ が独立で，各 k について X_k が X と同分布とすると，$\dfrac{1}{N}\sum_{k=1}^{N} X_k$ は $N \to \infty$ で $E[X]$ に完全収束する. ◇

定理 1.4 を踏まえて，本書では定理 1.4 またはこれと同値な定理 1.3 を大数の完全法則と呼ぶことにする.

繰り返しになるが，よく知られている大数の強法則（定理 1.2）との対比に重点を置くために定理 1.3 では Y_N（に相当する $X_k^{(N)}$ たちの算術平均）が異なる N の間で独立であることを仮定した．それを定理 1.4 で完全収束に結びつけるために，定理 1.4 のすぐ上の議論では Y_N ではなく $Y_N - Y$ の独立性に言及した．Y_N の列が，Y という共通の確率変数に独立な確率変数 $Y_N - Y$ を加えた形であるというのは一般的には人工的な設定に見えるが，本書は大数の法則に限定して，極限 Y が確率変数として（関数 $Y: \Omega \to \mathbb{R}$ として）定数関数の場合だけを扱うので，Y_N, $N = 1, 2, \ldots$ の独立性と $Y_N - Y$, $N = 1, 2, \ldots$ の独立性が同値である.

定理 1.1 と定理 1.4 がともに実確率変数列の算術平均の期待値への収束という意味で大数の法則と呼べる「親戚筋」であることと，定理 1.4 の完全収束が定理 1.1 の概収束より強い収束なので必要な仮定も強いことを一通り説明したが，両者の違いを別の角度から説明しておく.

大数の法則で収束が問われる確率変数列は独立確率変数列 X_k, $k = 1, 2, \ldots, N$ の算術平均 $Y_N = \dfrac{1}{N} \sum_{k=1}^{N} X_k$ の列である．定理 1.1, すなわち通常の大数の強法則では，確率変数列 Y_N, $N = 1, 2, \ldots$ は独立ではない．硬貨投げによるすごろくの N 歩目の位置と同様に $S_N = \sum_{k=1}^{N} X_k$ と置くと，

$$Y_N = \frac{1}{N}S_N = \frac{1}{N}S_{N-1} + \frac{1}{N}X_N = \frac{N-1}{N}Y_{N-1} + \frac{1}{N}X_N \tag{1.28}$$

となるので，列 $X_k, k = 1, 2, \ldots$ が独立でも Y_N と Y_{N-1} は独立ではない．すごろくでは，N 歩目の位置 S_N は直前の位置 S_{N-1} の両隣であり，N で割って 1 歩あたりの変位に直した値も独立でない．独立なのはすごろくの異なる手番での増分 $X_k = S_k - S_{k-1}$ たちである．定理 1.1 の大数の強法則が自然に対応するのは，添字 N がたとえば時刻を表して，時々刻々の増分 X_k の時間的な累積 S_N に興味がある状況で，異なる時刻 k の増分 X_k は独立だが累積 S_N は過去の結果を踏まえているため異なる N の間で独立でない状況である．このような対象は典型的には確率連鎖または確率過程と呼ばれ，理論的にも応用上も重要である．

　これに対して，大数の完全法則の定理 1.4 が自然に対応するのは，個数 N が有限な現象について，N が非常に大きいときに，有限の N の現象として記述するよりも極限 $N \to \infty$ で記述したほうがその現象を（人という有限な生物にとって）適切に理解できるときである．添字 N は（大きな）定数だが，現実の理想化として極限を考えるために N についての列という定式化をする．

　「現実に見られる，きわめて大きいが決まった数」の基礎的な例の 1 つに，アボガドロ数がある．人の目に見える大きさの物質の中の分子数を数える際に便利な個数の単位である．金額を記録するのに千円や百万円の単位が先に印刷されていて，その倍数だけを記入する書式と同様に，アボガドロ数 N の何倍かという数を用いれば，日常の物質の多くについて大きな数を扱わずに分子数を記録できる．

　人の目に見える大きさの物質の現象を多数の分子の複雑な運動の集計という視点で見ると，分子の自然法則をそのまま扱うのは，N がたいへん大きいので，計算量も結果としての現象の理解も筋が悪い．熱力学や流体力学などの理論物理学の法則は，分子の自然法則において極限 $N \to \infty$ を適切にとることで得た方程式で，個々の分子を見ない，人の眼に見える大きさに対応した記述である．N は現実には定数だが，物理定数が微妙に違う架空の世界を考えて，そこでは N が 1 ずれているとしても，分子の法則が定数を除いて現実と同じ方程式ならば，人の目に見える現象を記述する熱力学や流体力学は

同じであろう．その意味で N を理論に残すよりも極限をとった法則のほうが現実の理解としては効率的でもあり本質を突いていると考える．

このように分子についての物理法則の極限として目に見える大きさの物理法則を得ることを，熱力学的極限や流体力学的極限と呼ぶこともある．熱力学的極限や流体力学的極限は，分子の複雑な運動を確率変数として定式化し，極限で決定論的な，確率変数があらわでない法則を得るので，数学的な定理としては広い意味で大数の法則に属する．ただし，分子の複雑な運動は確率変数としての独立性はないので，本書で扱う独立確率変数列の大数の法則に比べればはるかに難しい問題である．

このような，現実の興味は有限の N だが N が大きいので極限を考えるという状況では，極限を考えるための列で異なる N の項の間に関係を考える根拠はない．このような状況に対応する大数の法則は，N と $N-1$ の間に強い従属関係のある定理 1.1 の大数の強法則ではなく，異なる N の間に確率変数としての関係を仮定しない定理 1.3（あるいはそれと同値な定理 1.4）の大数の完全法則である．

1.4　大数の完全法則の証明のあらすじ

モチベーションの持続のために先に大数の完全法則の証明のあらすじを予告する．

N を自然数とし，X_k, $k=1,\ldots,N$ を，同分布でなくてよい，独立実確率変数列とする．数式を軽くするため少し横着して，最初から偏差を X_k と置いたことにして，$\mathrm{E}[X_k]=0$, $k=1,\ldots,N$ を仮定する．比較的初等的な確率論の教科書でも，4 次モーメントが有界な独立実確率変数列の大数の強法則の証明は載っている．その証明の要は，偏差の和の 4 次モーメントの多項式展開の和の場合分けと期待値の線形性 (1.13) と独立性の帰結 (1.22) と $\mathrm{E}[X_k]=0$ だけで得られる

$$\mathrm{E}[(\sum_{k=1}^{N} X_k)^4] = \sum_{k=1}^{N}\mathrm{E}[X_k^4] + 3\sum_{k=1}^{N}\left(-\mathrm{E}[X_k^2]^2 + \mathrm{E}[X_k^2]\sum_{\ell=1}^{N}\mathrm{E}[X_\ell^2]\right),$$

$$\mathrm{E}[(\sum_{k=1}^{N} X_k^2)^2] = \sum_{k=1}^{N}\sum_{\ell=1}^{N} \mathrm{E}[X_k^2 X_\ell^2]$$
$$= \sum_{k=1}^{N} \mathrm{E}[X_k^4] + \sum_{k=1}^{N}\left(-\mathrm{E}[X_k^2]^2 + \mathrm{E}[X_k^2]\sum_{\ell=1}^{N}\mathrm{E}[X_\ell^2]\right)$$

である．右辺の括弧内が非負であることに注意して，多少の損を受け入れて見やすく組み合わせると

$$\mathrm{E}\left[\left(\sum_{k=1}^{N} X_k^2\right)^2\right] \leqq \mathrm{E}\left[\left(\sum_{k=1}^{N} X_k\right)^4\right] \leqq 3\mathrm{E}\left[\left(\sum_{k=1}^{N} X_k^2\right)^2\right] \qquad (1.29)$$

が成り立つ．本書では最左辺は用いないが，右側の不等式がそんなに粗雑ではなく，せいぜい定数倍の違いであることの確認のために残した．(1.29) の中央の辺が算術平均の和の部分で，正負の打ち消しを期待する．他の辺は，非負項の和で書けているので打ち消しはあり得ない．つまり，1.1 節で言及した，すごろくの歩数間の正負の打ち消しや分散の加法性の描像は，多項式の展開と期待値の線形性と非負値性と独立性だけで得られる (1.29) に全面的にこめられていて，3.1 節の証明では他に正負の打ち消しの描像は関与しない．

証明すべき定理 1.4 は確率の級数だが，それを（後で準備するようにチェビシェフの不等式を命題 2.15 の形で用いて）期待値の級数で評価することで，正負の打ち消しで多くの項が消えた (1.29) を見通しよく生かす．

（1.2 節の (1.19) の下でも注意したが，）2 次モーメントの存在の仮定だけではより高次の 4 次モーメントが有限とは限らない．たとえば (1.20) の代わりに

$$\mathrm{P}[X=n] = \frac{1}{\zeta(4)\, n^4}, \quad n=1,2,\ldots \qquad (1.30)$$

を満たす確率変数 $X\colon \Omega \to \mathbb{R}$ を考えると，(1.20) の下と同様の計算で，$\mathrm{E}[X^2] = \dfrac{\zeta(2)}{\zeta(4)} < \infty$ となって 2 次モーメントはあるが $\mathrm{E}[X^4] = \infty$ となる例になる．4 次モーメントが発散していたら (1.29) は役に立たない．そこで，3.1 節の証明では，元の確率変数を大きい偏差と小さい偏差，(1.11) を用いると $Z_k = Z_k \mathbf{1}_{|Z_k|\geqq a} + Z_k \mathbf{1}_{|Z_k|<a}$ の形に分解する．小さい偏差の部分を

$X_k = Z_k \mathbf{1}_{|Z_k|<a}$ と置くと，$|X_k| < a$ なので，特に $\mathrm{E}[X_k^4] \leqq a^4 < \infty$ だから，(1.29) が使える．

1.1 節ですごろくのたとえを持ち出して，コマの 1 回あたりの動きの正負の打ち消しという大数の強法則についての素朴な描像を書いたとき，暗黙のうちにコマが 1 回に 1 マスしか動かないこと，確率変数で言えば有界なことを仮定していた．一方，2 次モーメント有限に相当する定理 1.4 の仮定では確率変数は小さな確率とはいえ大きな値をとり得る．(1.30) の例ではどんな大きな n に対しても $\mathrm{P}[X = n] > 0$ である（有界ではない）が，2 次モーメントは有限である．

では大数の完全法則が成り立つために確率変数は有界でなければならないかというと，結論からわかる通り，ときおり大きな値，コマの進みで言えば一気に進むラッキーチャンスまたは一気に戻る大損失が起きても，2 次モーメントが有限ならば結論は変わらない．2 次モーメントが有限ならば，一気の大きな動きの確率がそれなりに小さいので，小さい歩幅の打ち消しの描像を壊すほどには大きな動きは起きないという仕組みで，定理 1.4 のように，独立同分布実確率変数列の大数の完全法則に対する短くまとまった，分散有限という条件が成立する．

もう 1 点，3.1 節の証明が込み入る技術的要素がある．(X_k の大きな値のない事象において）確率の級数を期待値の級数で評価したのち，最終的には算術平均の項数 N のべきの級数の収束に持ち込むが，ぎりぎり発散する (1.2) のような状況を回避するための「のりしろ」が必要になり，X_k の分解が大小の 2 つではなく，3 つになる．3.1 節の証明の冒頭近くの (3.7) にある集合（事象）の分解がこれに相当する．この際，(1.30) の少し下に書いた確率変数の値の大小の境目 a は項番号 N とともに変えるので見た目はさらに少し煩雑になる．

1.5　グリヴェンコ・カンテリの定理

大数の完全法則の説明に理論物理学を引き合いに出したが，数理統計学のグリヴェンコ・カンテリの定理も大数の法則と関係がある．数理統計学では

複数(多数)の数値,いわゆるデータを,ある $\omega \in \Omega$ に対する独立同分布実確率変数列の値の実数列とみる.(そのように考えられるように数値を集めるには無作為抽出に始まる難しい問題があるが,立ち入らず,確率変数列があるとして始める.)定理 1.1 の記号では,実数値のデータに対応するのは独立同分布実確率変数列 $X_k, k = 1, 2, \ldots$ であり,X_k たちに共通する (1.9) の $Q = \mathrm{P} \circ X^{-1}$ で表される分布 Q を母分布と呼ぶ.(1.9) 以下で概略紹介したように,たとえば X の期待値 $\mathrm{E}[X]$ は分布 Q だけで決まる量であり,分布 Q の平均または母平均と呼ぶ.前節までで紹介した大数の強法則や完全法則によれば,X の観測値の算術平均は観測を増やせば確率変数の期待値すなわち母平均に近づく.グリヴェンコ・カンテリの定理は,(観測値の平均の期待値への収束だけでなく,より精密に)度数分布が母分布 Q に分布関数についての強い意味で近づくことを言う定理である.

定理 1.5(グリヴェンコ・カンテリ) 経験分布の分布関数は母分布の分布関数に一様概収束する. ◇

新しい用語が複数登場した.大数の法則の説明の際に用語を用意したとおり,X が実確率変数のとき,X の分布 Q は $\mathbb{R}$ 上の集合関数である.$\mathbb{R}$ 上の分布は,代わりに分布関数を用いると便利なことがある.実数上の分布 Q の分布関数とは実数 x に対して Q で見たときの x 以下の割合 $F(x) = Q((-\infty, x])$ を対応させる関数 $F \colon \mathbb{R} \to [0, 1]$ である.ここで,確率は 0 以上 1 以下なので分布関数の値域は $[0, 1]$ と書いた.分布から分布関数を定義したが,逆に分布関数 F が与えられれば $Q((a, b]) = F(b) - F(a)$ によって区間に対する確率測度が決まり,ボレル確率測度は区間に対して決まればボレル集合すべてに対して決まるので,Q と F は 1 対 1 に対応する.分布が集合関数なのに対して,分布関数は使い慣れた実数上の関数である.

Q が実確率変数 X の分布 $Q = \mathrm{P} \circ X^{-1}$ のとき,定義に (1.8) と似た変形を行った上で,(1.11) の $\mathbf{1}_A$ を (1.22) の下の注意のように $\mathbb{R}$ 上の関数として使うことで,X の分布関数は

$$F(x) = \mathrm{P} \circ X^{-1}((-\infty, x]) = \mathrm{P}[X \leqq x] = \mathrm{E}[\mathbf{1}_{(-\infty, x]}(X)] \tag{1.31}$$

1.5 グリヴェンコ・カンテリの定理

と変形できる.

次に,定理冒頭の経験分布とは,やや乱暴な説明を書くと,義務教育でも習う度数分布である.もう少しきちんと書くと,実確率変数列 $X_k, k = 1, 2, \ldots$ を独立同分布とし,サンプル,すなわち $\omega \in \Omega$ に対して,N を固定するごとに N 個の実数たち

$$X_1(\omega),\ X_2(\omega),\ \ldots,\ X_N(\omega)$$

がそれぞれ重み $\dfrac{1}{N}$ ずつを持つ $\mathbb{R}$ 上の分布を母分布 $Q = \mathrm{P} \circ X^{-1}$ に対する経験分布と呼ぶ.集合 A の要素の個数を $\sharp A$ と書くことにすると,経験分布の分布関数は,

$$F_N(x, \omega) = \frac{1}{N} \sharp \{k \in \{1, 2, \ldots, N\} \mid X_k(\omega) \leqq x\} \tag{1.32}$$

である.(1.31) の最後の変形と比較しやすいように,関数 $\mathbf{1}_A$ を用いて

$$F_N(x, \omega) = \frac{1}{N} \sum_{k=1}^{N} \mathbf{1}_{(-\infty, x]}(X_k(\omega)) \tag{1.33}$$

と変形する.

経験分布関数 F_N は ω と x の関数だが,F_N において ω だけを固定した量を $F_N(\omega)$ と書くと,$F_N(\omega)$ は $[0, 1]$ に値をとる x の非減少関数である.他方,$x \in \mathbb{R}$ を決めるごとに $F_N(x)\colon \Omega \to \mathbb{R}$ は実確率変数であり,特に (1.24) で定義した概収束を考えることができる.(1.2 節で実確率変数の定義の中に可測性が含まれていたが,(1.11) の定義,特に,$\mathbf{1}_{(-\infty, x]}$ が 0 または 1 の値しかとらないことに注意して,

$$\{\omega \in \Omega \mid \mathbf{1}_{(-\infty, x]}(X_k(\omega)) = 1\} = \{\omega \in \Omega \mid X_k(\omega) \leqq x\} \tag{1.34}$$

と変形すると,X_k が実確率変数なのでこれが可測集合($\mathcal{F}$ の要素)であることがわかる.)

以上の記号を用いて定理 1.5 の主張を式で書くと,$X_k, k = 1, 2, \ldots$ が独立同分布実確率変数列のときに,

$$\lim_{N \to \infty} \sup_{x \in \mathbb{R}} |F_N(x) - F(x)| = 0,\ a.e. \tag{1.35}$$

となる.関数の変数 x について一様に $F(x)$ に概収束するということである.(1.35) に (1.31) と (1.33) を代入することで,定理 1.5 は次のように書き直せる.(なお,本書後半で関数値の大数の法則という視点を強調すべく関数 $\mathbf{1}_{(-\infty,\cdot]}(X_k)$ を X_k で表したいので,今まで X_k と置いてきた実確率変数は Z_k に書き換える.)

定理 1.6(定理 1.5 の書き換え) Z_k, $k=1,2\ldots$ が独立同分布実確率変数列のとき,

$$\lim_{N\to\infty}\sup_{x\in\mathbb{R}}\left|\frac{1}{N}\sum_{k=1}^{N}\left(\mathbf{1}_{(-\infty,x]}(Z_k)-\mathrm{E}[\mathbf{1}_{(-\infty,x]}(Z_k)]\right)\right|=0,\ a.e. \qquad (1.36)$$

が成り立つ. ◇

本書では完全収束に焦点を当てる立場から,概収束で書かれている定理 1.6 の結論を 1.3 節の対比で実確率変数列の完全収束の類推となる次の形に強くした定理を掲げる.

定理 1.7(完全収束版グリヴェンコ・カンテリの定理) Z_k, $k=1,2,\ldots$ が独立同分布実確率変数列のとき,

$$\sum_{N=1}^{\infty}\mathrm{P}\left[\sup_{x\in\mathbb{R}}\frac{1}{N}\left|\sum_{k=1}^{N}(\mathbf{1}_{(-\infty,x]}(Z_k)-\mathrm{E}[\mathbf{1}_{(-\infty,x]}(Z_k)])\right|>\epsilon\right]<\infty \qquad (1.37)$$

が成り立つ. ◇

定理 1.7 が成り立てば定理 1.6 すなわち定理 1.5 が成り立つことは,完全収束すれば概収束することについて 1.3 節の定理 1.4 の前で言及したとおりである.

数理統計学の基礎教科書にあるグリヴェンコ・カンテリの定理(定理 1.5)の通常の証明は完全収束版に直した定理 1.7 の証明にもなっている.(分布関数は $[0,1]$ に値をとるので,特に有界だから,分布関数に値をとる確率変数列の任意次のモーメントが有限だから,大数の強法則だけでなく大数の完全法則に相当する結果が成り立つことは自然である.)したがって,定理 1.5

1.5 グリヴェンコ・カンテリの定理

の結論を定理 1.7 に強めたことは既存の結果の範囲内である．ただ，2.5 節の命題 2.14 で証明するとおり，完全収束が成り立てば，個別に同分布な任意の実数値確率変数列に対して概収束するので，通常は定理 1.6 のようにグリヴェンコ・カンテリの定理では経験分布の対象となる実確率変数列を（ランダムウォークと同様に）それまでの確率変数列を維持してそれに追加する形で N を増やすように書かれることが多いのに対して，N ごとに別の確率変数列を用意しても成り立つ．つまり，実確率変数列についての定理 1.3 と同様に，各自然数 $N \in \mathbb{N}$ ごとに N 個の実確率変数 $Z_k^{(N)}$, $k = 1, 2, \ldots, N$ があって，2 重添字の確率変数列

$$Z_k^{(N)}, \quad k = 1, 2, \ldots, N, \ N = 1, 2, \ldots$$

が独立確率変数列で，各 $Z_k^{(N)}$ が Z と同分布ならば，(1.33) の代わりに，

$$F_N(x, \omega) = \frac{1}{N} \sum_{k=1}^{N} \mathbf{1}_{(-\infty, x]}(Z_k^{(N)}(\omega)) \tag{1.38}$$

で経験分布関数 F_N を定義しても (1.35) が成り立つ．サンプルを追加する（N を大きくする）際に，既に得た小規模な調査・実験の結果は脇に置いて，新たな大がかりな観測や実験によって新たに用意した大きなサイズのサンプルを考えることに対応し，そのとき，同じ k 番目のデータと呼んでも別の確率変数なので，最初から添字 (N) で区別して $Z_k^{(N)}$ としたことが対応する．そのような列に対してもグリヴェンコ・カンテリの定理は成り立つという意味である．

本書では，定理 1.7 を，さらに，確率変数列がとる値を，単位分布の分布関数 $\mathbf{1}_{(-\infty, x]}(Z_k)$ という特別な形から，（右連続）有界非減少関数に列に一般化した上で，5.4 節で証明する．

第2章
実確率変数の不等式と収束のオーソドックスな入門

　20世紀の終わり頃から一流の著者陣による和書の確率論の初等教科書が飛躍的に増えた感があるが，確率変数の収束の定義や説明に当てられるページ数は増えてないという声もあるようだ．本書は実確率変数列の基礎事項を勉強したことがある読者を念頭に置きつつも，本書で使うものに絞りつつ，実確率変数に関する不等式と収束を少し詳しく復習する．

2.1 基礎不等式

　まずは確率変数についての基礎的な不等式を復習する．
　最初の命題は確率論でも測度論でもないが，本書の証明でもっとも頻繁に用いる不等式である．

命題 2.1 $p \geqq 1, a, b \geqq 0$ のとき，

$$a^p + b^p \leqq (a+b)^p \leqq 2^{p-1}(a^p + b^p),$$

および，$\quad 2^{-1+(1/p)}(a^{1/p} + b^{1/p}) \leqq (a+b)^{1/p} \leqq a^{1/p} + b^{1/p}.$

　特に，p と q が $p \geqq q \geqq 0$ を満たす実数，n が自然数，$a_1, \ldots, a_n$ が長さ n の非負実数列のとき，指数についての単調性

$$\left(\sum_{i=1}^n a_i^p\right)^{1/p} \leqq \left(\sum_{i=1}^n a_i^q\right)^{1/q} \tag{2.1}$$

が成り立つ． ◇

証明 前半は $b=0$ ならば明らかなので以下 $b>0$ とする．$f(x) = \dfrac{x^p + 1}{(x+1)^p}$，$x \geqq 0$, と置くと $(x+1)^{p+1} f'(x) = p(x^{p-1} - 1)$ なので，$p>1$ のとき $x=1$ で最小値 $f(1) = 2^{1-p}$ をとり，前後でそれぞれ単調で 1 以下だから

$$2^{1-p} \leqq f(b^{-1}a) = \frac{a^p + b^p}{(a+b)^p} \leqq 1$$

を得て，最初の証明が終わる．2 つめは，前半において，a, b に $a^{1/p}, b^{1/p}$ を代入して全体を $1/p$ 乗して得られる．

(2.3) は，上で証明した最後の不等式

$$(a+b)^{1/p'} \leqq a^{1/p'} + b^{1/p'}$$

において $p' = \dfrac{p}{q} \geqq 1$, $a = \displaystyle\sum_{i=1}^{n-1} a_i^p$, $b = a_n^p$ を代入すると帰納的に，

$$\left(\sum_{i=1}^n a_i^p\right)^{q/p} \leqq \left(\sum_{i=1}^{n-1} a_i^p\right)^{q/p} + a_n^q \leqq \cdots \leqq \sum_{i=1}^n a_i^q$$

によって主張を得る． □

命題 2.1 についての若干の補足を加える．

(i) 最初の不等式は $p=1$ のときは等号が成り立つ．$p>1$ では，以下の証明から，左の不等式は $ab=0$ のとき，右の不等式は $a=b$ のとき，それぞれ成り立つ．

(ii) 本書では，しばしば横着して，a と b の大きい（小さくない）ほうを $a \vee b$ と書き，小さい（大きくない）ほうを $a \wedge b$ と書く．

$$(a \vee b) + (a \wedge b) = a + b \quad \text{および，} \quad (a \vee b) - (a \wedge b) = |a-b| \quad (2.2)$$

である．この記号を用いると，命題 2.1 最初の不等式たちから，$p \geqq 0$ のとき成り立つ

$$(1 \wedge 2^{p-1})(a^p + b^p) \leqq (a+b)^p \leqq (1 \vee 2^{p-1})(a^p + b^p), \quad a, b, p \geqq 0 \quad (2.3)$$

を得て，指数 p と 1 の大小を気にせず使える．

(iii) 項数 n が 3 以上でも n とともに変わる係数を用いれば，(2.3) と同様の不等式が成り立つが，(2.1) の逆向きの不等式は，$a_1 = \cdots = a_n = 1$ を考えればたとえば n によらない係数では成り立たないことがわかるので，n について一様な評価については指数の大小に注意を要する．

(iv) (2.1) の別証明として，自明な $\sum_{i=1}^{n} \dfrac{a_i^q}{\sum_{j=1}^{n} a_j^q} = 1$ と各項の非負値性から特に各項は 1 以下なので，各項を $\dfrac{p}{q} \geqq 1$ 乗すると大きくならないことから，和が 1 以下になり，分母を払うと $\sum_{i=1}^{n} a_i^p \leqq \left(\sum_{j=1}^{n} a_j^q \right)^{p/q}$ となって (2.1) を得る [9, Theorem 19]．

(v) (2.1) は次数についての単調性 (1.19) と似ているが，(1.19) と逆に指数が小さいほど大きくなることに注意（平均と和で逆転する）．

命題 2.2（チェビシェフの不等式） 実確率変数 $X \colon \Omega \to \mathbb{R}$ と実数上の非減少非負実数値可測関数 $h \colon \mathbb{R} \to \mathbb{R}_+$ と実数 a に対して，

$$h(a) \operatorname{P}[X \geqq a] \leqq \operatorname{E}[h(X)]$$

が成り立つ．

たとえば，非負値確率変数 $X \colon \Omega \to \mathbb{R}_+$ と $q > 0$ に対して（上記で $h(x) = (x \vee 0)^q$ と選ぶことで），

$$\operatorname{P}[X \geqq a] \leqq a^{-q} \operatorname{E}[X^q], \quad a > 0 \tag{2.4}$$

が成り立つ． ◇

証明 h の非負値性と非減少性に注意して，集合（事象）の定義関数 (1.11) と期待値の単調性 (1.15) を用いると，

$$\operatorname{E}[h(X)] \geqq \operatorname{E}[h(X) \mathbf{1}_{X \geqq a}] \geqq h(a) \operatorname{E}[\mathbf{1}_{X \geqq a}] = h(a) \operatorname{P}[X \geqq a]$$

を得る． □

命題 2.2 の例題として，1.1 節の (1.5) の下に言葉で書いたことを，1.3 節で完全収束と概収束の対比で登場した確率収束を用いて，式ですっきり書く．

命題 2.3 (大数の弱法則) 実確率変数 $X\colon \Omega \to \mathbb{R}$ が分散 $\mathrm{V}[X]$ を持つ ($\mathrm{V}[X] < \infty$) とする．実確率変数列 $X_k\colon \Omega \to \mathbb{R}$, $k = 1, 2, \ldots$ が独立で，各 k について X_k が X と同分布とすると，$\dfrac{1}{N}\sum_{k=1}^{N} X_k$ は $N \to \infty$ で $\mathrm{E}[X]$ に確率収束する． ◇

証明 $\epsilon > 0$ を任意にとる．(2.4) の X に $\left|\dfrac{1}{N}\sum_{k=1}^{N}(X_k - \mathrm{E}[X])\right|$ を代入し，$a = \epsilon$, $q = 2$ と置き，分散の定義 (1.3) の X_k を $\dfrac{1}{N}\sum_{k=1}^{N} X_k$ として，(1.5) のとおりに独立確率変数列の分散の加法性と同分布性も用いると

$$\mathrm{P}\left[\left|\frac{1}{N}\sum_{k=1}^{N} X_k - \mathrm{E}[X]\right| \geqq \epsilon\right] \leqq \frac{1}{\epsilon^2}\mathrm{V}\left[\frac{1}{N}\sum_{k=1}^{N} X_k\right] = \frac{1}{(N\epsilon)^2}\sum_{k=1}^{N} \mathrm{V}[X_k]$$
$$= \frac{1}{N\epsilon^2}\mathrm{V}[X]$$

を得るので，$N \to \infty$ で 0 に収束する． □

チェビシェフの不等式（命題 2.2）は，その証明のとおり，$X < a$ の場合（$X(\omega) < a$ が成り立つ $\omega \in \Omega$ の集合）をばっさり切り捨てるので，等号が成り立つ場合が特段の意味を持たないことも多い．洗練されてないように見える不等式が，最初のほうに出てきて後々重用されるらしいと気づくと，気持ち悪く感じられるかもしれないが，大数の弱法則の証明のとおり，集合（事象）を定めるパラメータ（命題 2.3 では N）の極限で等号に近づく（ばっさり切った量ともども 0 に近づく）場合に，集合，つまり，確率の記号の中にパラメータがあると集合算の工夫が必要なのに対して，そのパラメータが分散（モーメント）など期待値に掛かっていれば評価しやすいという使い方がある．

次の不等式は再び確率論でも測度論でもないが，ヘルダーの不等式（命題 2.5）の証明で用いる．

補題 2.4 p と q が

$$\frac{1}{q} + \frac{1}{p} = 1 \tag{2.5}$$

を満たす正の実数で，a と b が非負実数のとき，$ab \leq \dfrac{a^p}{p} + \dfrac{b^q}{q}$. ◇

証明 $ab = 0$ のときは左辺が 0 だから成り立つので，以下 $ab > 0$ とする．命題 2.1 の証明のように増減表を調べることで，$f(x) = \dfrac{1}{p}x^p + \dfrac{1}{q} - x \geq 0$, $x \geq 0$ がわかるから，$x = ab^{-q/p}$ を代入して両辺に b^q をかけると主張を得る． □

$p = q = 2$ のときは $\dfrac{1}{2}(a^2 + b^2) - ab = \dfrac{1}{2}(a-b)^2 \geq 0$ というやさしい別証明がある．次の命題のヘルダーの不等式で $p = q = 2$ の場合はコーシー・シュワルツの不等式と呼ばれる．コーシー・シュワルツの不等式を，長方形の面積 $a \times b$（のいろんな長方形についての平均）を正方形の面積 a^2 と b^2（それぞれの平均の平方根の積）で上から評価することとたとえると，ヘルダーの不等式は，たとえば底面積 a 高さ b の角柱について底面積 a の正方形に等しい 1 辺の立方体の体積 $a^{3/2}$ と 1 辺が高さ b に等しい立方体の体積 b^3 で評価する ($p = \dfrac{3}{2}, q = 3$) という方向の一般化である．一般に (2.5) を満たす正数 p と q に対して，a が q 次元，b が p 次元のときに一般化すると，(2.5) が成り立つとき ab の次元は $p + q = pq$ に等しいので，a^p と b^q で評価するのが自然である．

次の命題の後半は「確率空間（全測度 1 の測度空間）の L^p ノルムの p についての単調性」の意味で本書では「次数についての単調性」と呼ぶが，リャプノフの不等式という名前が付いている．

命題 2.5（ヘルダーの不等式とリャプノフの不等式） p を 1 より大きい実数とする．$q = \dfrac{p}{p-1}$, つまり，$\dfrac{1}{p} + \dfrac{1}{q} = 1$ で q を定めると，任意の実確率変数 X と Y に対して

$$\mathrm{E}[|XY|] \leq \mathrm{E}[|X|^p]^{1/p} \mathrm{E}[|Y|^q]^{1/q} \tag{2.6}$$

が成り立つ．特に，$\mathrm{E}[|X|^p]^{1/p}$ の次数についての単調性 (1.19) が成り立つ． ◇

証明 $\mathrm{E}[|X|] = 0$ ならば確率 1 の ω について $X(\omega) = 0$ なので (2.6) の等号が成り立つ．Y についても同様なので，$0 < \mathrm{E}[|X|^p] < \infty$ と $0 < \mathrm{E}[|Y|^q] < \infty$ を仮定してよい．補題 2.4 で $a = \dfrac{|X|}{\mathrm{E}[|X|^p]^{1/p}}$, $b = \dfrac{|Y|}{\mathrm{E}[|Y|^q]^{1/q}}$ と置いて期待値をとると，期待値の線形性 (1.13) と単調性 (1.15) から

$$\frac{1}{\mathrm{E}[|X|^p]^{1/p}} \frac{1}{\mathrm{E}[|Y|^q]^{1/q}} \mathrm{E}[|XY|]$$
$$\leq \frac{1}{p\mathrm{E}[|X|^p]} \mathrm{E}[|X|^p] + \frac{1}{q\mathrm{E}[|Y|^q]} \mathrm{E}[|Y|^q] = \frac{1}{p} + \frac{1}{q} = 1$$

によって主張を得る．

(1.19) は $q > p$ とするとき，(2.6) において $Y = 1$ と置き，p に $\dfrac{q}{p} > 1$ を代入して $\mathrm{E}[|X|] \leq \mathrm{E}[|X|^{q/p}]^{p/q}$ を得たのち，X に $|X|^p$ を代入して両辺の p 乗根をとればよい． $\square$

補題 2.4 の等号はその証明で $x = 1$，すなわち $a^p = b^q$ のときなので，ヘルダーの不等式 (2.6) の等号は，その証明での補題 2.4 の使い方から，$XY = 0$ または $\dfrac{|X|^p}{\mathrm{E}[|X|^p]} = \dfrac{|Y|^q}{\mathrm{E}[|Y|^q]}$ が確率 1 で成り立つときそのときに限り成り立つ．これの同値な書き換えとして，(2.6) の等号成立の同値条件として，たとえば $\mathrm{P}[Y = 0] = 1$ またはある実数 k がとれて $\mathrm{P}[|X|^p = k|Y|^q] = 1$ を採用できる．

なお，命題 2.1 への補足でも注意したが，和のときの指数についての単調性 (2.1) と期待値（平均値）の次数についての単調性 (1.19) は指数の大小と不等号の向きが逆になる．

次は等式を準備する．次の命題で絶対連続関数，証明でフビニの定理という単語を使うが，測度論由来の単語の詳細をど忘れした場合は，ここの証明については期待値と実数についての積分の順序を交換できることを信用してもらえればとりあえずよい．また，（測度論の詳しいことに立ち入らないが）たとえば，高々可算個の点を除いて微分 $h'(x)$ が存在してすべての $x > 0$ で $h(x) = \displaystyle\int_0^x h'(y)\,dy$ と書ける（任意の閉区間 $[0, x]$ で導関数 h' が可積分で積分が h である）関数 $h\colon \mathbb{R}_+ \to \mathbb{R}$ は命題の仮定を満たす．本書ではせいぜい，$p > 0$ に対して $h(x) = x^p$ ($h'(x) = px^{p-1}$) や，$a > 0$ に対して $h(x) = x \vee a$

($0 < x < a$ で $h'(x) = 0$, $x > a$ で $h'(x) = 1$) で定まる絶対連続関数くらいまでにしか命題を用いない.

命題 2.6（分布関数と期待値） 非負実数上の非負値関数 $h\colon \mathbb{R}_+ \to \mathbb{R}_+$ が $h(0) = 0$ を満たし，任意の $T > 0$ に対して $[0.T]$ で絶対連続なとき，実確率変数 X に対して (2.2) の上で用意した記号 $\vee$ と $\wedge$ を用いて

$$\lim_{M \to \infty} \mathrm{E}[\,h(M \wedge (X \vee 0))\,] = \int_0^\infty h'(t) \mathrm{P}[\,X \geqq t\,]\,dt$$

が，左辺の極限が存在するとき，成り立つ.

たとえば，確率変数 $X\colon \Omega \to \mathbb{R}$ と $q > 0$ に対して $\mathrm{E}[|X|^q] < \infty$ のとき，($|X|$ も実確率変数だから，上記公式の X に $|X|$ を代入して，単調収束定理 (1.14) を用いて $M \to \infty$ をとることで，)

$$\mathrm{E}[\,|X|^q\,] = q \int_0^\infty t^{q-1}\,\mathrm{P}[\,|X| \geqq t\,]\,dt \tag{2.7}$$

である. $\diamond$

証明 確率と期待値の基本関係 (1.12) とフビニの定理と微積分学の基本定理と期待値の線形性 (1.13) と仮定 $h(0) = 0$ を順に用いると

$$\begin{aligned}
\int_0^M h'(t) \mathrm{P}[\,X \geqq t\,]\,dt &= \int_0^M h'(t) \mathrm{E}[\,\mathbf{1}_{X \geqq t}\,]\,dt \\
&= \mathrm{E}\left[\int_0^M h'(t)\,\mathbf{1}_{X \geqq t}\,dt\right] \\
&= \mathrm{E}\left[\int_0^{M \wedge (X \vee 0)} h'(t)\,dt\right] \\
&= \mathrm{E}[\,h(M \wedge (X \vee 0)) - h(0)\,] \\
&= \mathrm{E}[\,h(M \wedge (X \vee 0))\,]
\end{aligned}$$

を得るので，$M \to \infty$ とすれば主張を得る. $\square$

定理 1.5 と (1.31) の間で分布関数を定義した．命題 2.6 は，$\mathrm{P}[\,X \geqq t\,] = 1 - \mathrm{P}[\,X \leqq t\,]$ と書き直せば，分布関数で期待値を表す公式である．なお，h が絶対連続でないと公式が複雑になることはたとえば次の例でわかる.

系 2.7 非負定数 a と期待値が存在する（有限である）実確率変数 X に対して
$$\mathrm{E}[|X|\mathbf{1}_{|X|>a}] = \int_a^\infty \mathrm{P}[|X| \geqq t]\,dt - a\mathrm{P}[|X| \leqq a]$$
が成り立つ. ◇

証明 $h(x) = x \vee a$ で絶対連続関数 $h\colon \mathbb{R}_+ \to \mathbb{R}_+$ を定義すると，命題 2.6 から $\mathrm{E}[|X| \vee a] = \int_a^\infty \mathrm{P}[|X| \geqq t]\,dt$ を得る．記号の定義から $|X| \vee a = |X|\mathbf{1}_{|X|>a} + a\mathbf{1}_{|X|\leqq a}$ なので，期待値の線形性 (1.13) と確率と期待値の基本関係 (1.12) から主張を得る． □

不等式の紹介をいったん終えて収束の紹介に進む．なお，基礎不等式の 1 つとして基礎教科書で紹介されるイェンセンの不等式は独立実確率変数列の大数の完全の法則の証明には用いない．3.1 節の大数の完全法則の証明の後に，3.3 節で紹介する．

2.2 収束と距離

収束と極限の基本は，実数の公理の 1 つ，非減少 ($a_1 \leqq a_2 \leqq \cdots$) な実数列 $a_n, n = 1, 2, \ldots$ が上に有界

$$\exists M > 0;\ (\forall n \in \mathbb{N})\ a_n \leqq M \tag{2.8}$$

ならば極限値 $\alpha = \lim_{n\to\infty} a_n \in \mathbb{R}$ が存在することである．ここで α が極限値とは

$$(\forall \epsilon > 0)\ \exists N \in \mathbb{N};\ (\forall n \geqq N)\ |a_n - \alpha| \leqq \epsilon \tag{2.9}$$

が成り立つことである．本書では，存在する ($\exists$) と任意の（すべての）($\forall$) の量化記号とその順番の意味に通じていることを期待する．たとえば (2.8) では M はすべての自然数 n に共通な 1 つの値がとれ，(2.9) の N は，（左側の $\forall$ がかかっている）ϵ の関数 $N = N(\epsilon)$ として存在するが（上に有界の定義と同様に，右側の $\forall$ がかかっている）n すべてに共通な値として決まることは既知とする．また，以上の例では数式の行の前に自然言語で数列 a_n が用意さ

れているので，たとえば M は実際は 1024 などの決まった自然数ではなく，数列に応じた違う値を用意する．

通例に従って，有界でない非減少数列は正の無限大に発散すると言い，$\lim_{n\to\infty} a_n = +\infty$ と書く．実数列 $a_n, n = 1, 2, \ldots$ が非増加の場合は数列 $-a_n$, $n = 1, 2, \ldots$ に上記の公理を適用することで非増加で下に有界な数列は収束し，極限 $\lim_{n\to\infty} a_n$ は，上記の公理に合うように書けば $-\lim_{n\to\infty}(-a_n)$ に等しい．非増加で下に有界でない数列については習慣に従って $\lim_{n\to\infty} a_n = -\infty$ と書く．

（単調とも収束するとも限らない）一般の数列において，(2.8) を満たす M をその数列の上界と言う．上界の最小値が（実数の公理から）定まるが，それを上限と呼んで $\sup_{n\in\mathbb{N}} a_n$ 等と書く．下限 $\inf_{n\in\mathbb{N}} a_n$ も同様である．（上下に）有界だが単調ではない実数列では，部分列の上限からなる数列 $\sup_{k\geq n} a_k, n = 1, 2, \ldots$ が非増加，下限からなる数列 $\inf_{k\geq n} a_k, n = 1, 2, \ldots$ が非減少なので，単調な場合に帰着して，上極限 $\varlimsup_{n\to\infty} a_n := \lim_{n\to\infty} \sup_{k\geq n} a_k$ と下極限 $\varliminf_{n\to\infty} a_n := \lim_{n\to\infty} \inf_{k\geq n} a_k$ が存在する．単調でなければ，$a_n = (-1)^n, n = 1, 2, \ldots$ なる例が示唆するとおり，有界な数列というだけでは

$$\varlimsup_{n\to\infty} a_n \geq \varliminf_{n\to\infty} a_n$$

しか言えないが，特に両者が等しいこととその数列が (2.9) の定義を満たす（収束する）ことが同値であり，このとき極限値は

$$\varlimsup_{n\to\infty} a_n = \varliminf_{n\to\infty} a_n = \lim_{n\to\infty} a_n$$

である．

（実数以外の）集合 V の列 $x_n \in V, n = 1, 2, \ldots$ の収束と極限を考える際も，以上の実数列の収束の定義に帰着させる．（本書ではそのような収束の定義しか考えない．）広く用いられる技術に，距離または擬距離と呼ばれる V 上の 2 変数非負実数値関数 $d: V \times V \to \mathbb{R}_+$ を定義する方法がある．（通常は距離を定義するが，本書では極限の一意性などを議論することがないので，多くの話は距離よりも弱い定義の擬距離で十分である．）

集合 V の距離とは V の 2 変数非負実数値関数 $d\colon V\times V\to \mathbb{R}_+$ で，

(i) $d(x,y)=0 \;\Leftrightarrow\; x=y$,

(ii) $d(x,y)=d(y,x)$,

(iii) $d(x,y)\leqq d(x,z)+d(z,y)$

をすべての $x,y,z\in V$ に対して満たすものを言う．最後の性質を三角不等式と呼ぶ．集合 V と距離 d を組にして距離空間 (V,d) などとも書く．

距離があると，中心が $x\in V$ で半径が $r>0$ の開球

$$B_r(x)=\{y\in V\mid d(x,y)<r\} \tag{2.10}$$

が定義でき，$A\subset V$ が開集合であることの定義を

$$(\forall x\in A)\ \exists r>0;\ B_r(x)\subset A \tag{2.11}$$

が成り立つこととすることで，より一般的な位相空間の定義の特別な場合となる．閉集合は補集合が開集合であるような集合を言う．空集合 $\emptyset$ と全体集合 V はともに開集合であり閉集合でもある．

簡単な例として，

$$d(x,y)=\begin{cases} 0, & x=y, \\ 1, & x\neq y \end{cases} \tag{2.12}$$

で定義される $d\colon V\times V\to\mathbb{R}_+$ は距離であることが定義から確かめられる．この距離に基づく半径 1 未満の開球 $B_r(a)$ は 1 点だけからなる集合 $B_r(a)=\{a\}$ である．1 点集合たちを開集合とする位相を離散位相と言う．点列が収束することの定義が，ある項から先はすべて等しく極限値に一致することになるので，近づくという概念を厳格に選んだ位相である．

開集合たちを決めるだけならば，距離の定義の最初の条件のうち $d(x,y)=0 \Rightarrow x=y$ は不要である．この条件を除く残りの条件を満たす $d\colon V\times V\to \mathbb{R}_+$ を擬距離と言う．擬距離も距離と同様に開球や開集合を定義できる．（外した条件は，方程式の解のような，しかるべき性質を持つ集合の要素を，近似列によって探す解析的な方法を採用する際などに重要な条件であるが，本書では極限の候補があらかじめ決まっている場合を扱う．）

（擬）距離 d が定義された集合 V を（擬）距離空間 (V,d) と呼ぶことにする．実数列の収束を一般化して，（擬）距離空間 (V,d) において，V の（要素の）列 $x_n \in V$, $n=1,2,\ldots$ が $y \in V$ に収束することを $a_n = d(x_n, y)$ で定義される非負実数列 a_n, $n=1,2,\ldots$ が 0 に収束すること，すなわち，

$$\lim_{n\to\infty} d(x_n, y) = 0 \tag{2.13}$$

で定義し，$\lim_{n\to\infty} x_n = y$ と書く．また，y を極限と呼ぶ．

距離関数を $V = \mathbb{R}$ の場合の収束に遡って適用すると，$d(x,y) = |x-y|$ と選んだことになる．実際，このとき収束する実数列 a_n, $n=1,2,\ldots$ と極限 $\alpha \in \mathbb{R}$ に対して (2.13) は

$$\lim_{n\to\infty} |a_n - \alpha| = 0 \tag{2.14}$$

となるが，(2.9) の a_n と α に $a_n - \alpha$ と 0 をそれぞれ代入した式は元の (2.9) と同じだから，a_n が α に収束することと $a_n - \alpha$ が 0 に収束することは同値であり，(2.13) は (2.14) を実数以外の集合に一般化した定義と見ることができる．

2.3 実確率変数列の確率収束

実確率変数は確率空間 $(\Omega, \mathcal{F}, \mathrm{P})$ 上の実数値関数（で可測性を持つもの）なので，実確率変数列の収束は実数値関数の列の収束である．本節での説明のために実確率変数の集合を

$$L^0 = \{X : \Omega \to \mathbb{R} \mid X \text{ は可測}\}$$

と置く．L^0 は $X \in L^0$ と実数 $c \in \mathbb{R}$ ごとに各点での実数の掛け算 $(cX)(\omega) = cX(\omega)$ で定数倍 $cX \in L^0$ を定義し，$X, Y \in L^0$ の組ごとに各点での実数の和 $X(\omega) + Y(\omega)$ で和 $X + Y \in L^0$ を定義することで線形空間になる．L^0 の部分集合でも，これらの演算ではみ出さないように要素を集めてあれば，もちろん部分線形空間になる．

線形空間は -1 倍と和によって差が定義されているので，1 変数非負実数値関数が線形空間上に定義されていれば，それを $\mathbb{R}$ における絶対値の一般化と

することで，$\mathbb{R}$ の極限と似た極限の定義があり得ることが想像できる．この「絶対値の一般化」にセミノルムがある．距離と擬距離の関係と同様に，通常はノルムを考えるが，本書ではセミノルムで十分な議論が多い．（セミ）ノルムの一般的な定義と基礎事項の復習は 4.1 節に回して，ここでは実確率変数の集合 L^0 に限って基本的な定義をいくつか紹介する．

一般に，定義域 V に測度 $(\mathcal{F}, \mu)$ があるとき，実数値可測関数 $f: V \to \mathbb{R}$ の絶対値の μ を測度とする積分 $f \mapsto \int_V |f(x)|\,d\mu(x)$ はセミノルムの例である．確率空間 $(V, \mathcal{F}, \mu) = (\Omega, \mathcal{F}, \mathrm{P})$ のとき，$\mu = \mathrm{P}$ についての積分とは期待値である．期待値が存在する（有限である）実確率変数の集合を本節では $L^1 = \{X \in L^0 \mid \mathrm{E}[|X|] < \infty\}$ と置くと，$X \mapsto \mathrm{E}[|X|]$ は L^1 のセミノルムである．実数における差の絶対値にならうと，

$$d_1(X, Y) = \mathrm{E}[|X - Y|], \quad X, Y \in L^1 \tag{2.15}$$

で定義された擬距離 $d_1: L^1 \times L^1 \to \mathbb{R}_+$ についての収束 (2.13)，すなわち，

$$\lim_{N \to \infty} \mathrm{E}[|Y_N - Y|] = 0 \tag{2.16}$$

が成り立つことが，実確率変数列 $Y_N \in L^1$，$N = 1, 2, \ldots$ が実確率変数 Y に 1 次平均収束することの定義である．ちなみに，$p \geqq 1$ のとき $\mathrm{E}[|X|^p]^{1/p}$ も $p = 1$ の場合と同様に，p 次モーメントが有限な確率変数の集合 $L^p \subset L^0$ のセミノルムになり，p 次平均収束（L^p 収束）

$$\lim_{N \to \infty} \mathrm{E}[|Y_N - Y|^p] = 0$$

が同様に定義できる．なお，本書で積極的に使わないので立ち入らないが，この L^p は命題 2.5 の直前に説明のために先取りして書いた L^p である．

初等的なことだが，「平均値」（期待値）の収束

$$\lim_{N \to \infty} \mathrm{E}[Y_N] = \mathrm{E}[Y] \quad \text{すなわち} \quad \lim_{N \to \infty} \mathrm{E}[Y_N - Y] = 0 \tag{2.17}$$

は 1 次平均収束と異なることにも注意しておく．((2.17) の 2 つの式は，(2.9) と (2.14) の同値性および期待値の線形性 (1.13) から同値である．）期待値の

三角不等式 (1.17) から $|\mathrm{E}[Y_N - Y]| \leqq \mathrm{E}[|Y_N - Y|]$ だから，1 次平均収束すれば期待値が収束する．しかし逆は一般に言えない．実際，Y を恒等的に 0 な確率変数とし，列 Y_N, $N = 1, 2, \ldots$ を硬貨投げで表が出たらいっせいに 1，裏が出たら 0 とする．すなわち，$\mathrm{P}[A] = \dfrac{1}{2}$ を満たす事象 $A \subset \Omega$ に対して $X = 2\mathbf{1}_A - 1$ と置いて，すべての N について $Y_N = X$ とすると，すべての N で $\mathrm{E}[Y_N] = 0$ なので $\lim_{N \to \infty} \mathrm{E}[Y_N] = 0 = \mathrm{E}[Y]$ だが，$|Y_N - Y|$ は恒等的に 1 な確率変数なので $\mathrm{E}[|Y_N - Y|] = 1$，したがって極限も 1 だから (2.16) が成り立たないので 1 次平均収束はしない．

次に，(2.15) を少し変えて (2.2) の上で用意した（小さいほうを選ぶ）記号 $\wedge$ を用いて
$$d_0(X, Y) = \mathrm{E}[1 \wedge |X - Y|], \quad X, Y \in L^0 \tag{2.18}$$
と置くと，$d_0 \colon L^0 \times L^0 \to \mathbb{R}_+$ は L^0 上の擬距離であることが（2.2 節の定義を直接確かめることで）わかる．d_0 に基づいて確率変数列 Y_N, $N = 1, 2, \ldots$ が確率変数 Y に収束すること，すなわち，
$$\lim_{n \to \infty} \mathrm{E}[1 \wedge |Y_N - Y|] = 0 \tag{2.19}$$
が成り立つことは，1.3 節で完全収束と概収束の対比で登場した確率収束と同値である．確率収束はすでに実確率変数列の算術平均について命題 2.3 で紹介したとおり，大数の弱法則が主張する収束のしかたである．見かけが (2.19) と違うので，両者が同値なことを復習しておく．

命題 2.8 実確率変数列 $Y_N \in L^0$, $N = 1, 2, \ldots$ と実確率変数 $Y \in L^0$ について (2.19) が成り立つことと
$$(\forall \epsilon > 0) \quad \lim_{N \to \infty} \mathrm{P}[|Y_N - Y| > \epsilon] = 0 \tag{2.20}$$
が成り立つことは同値である． ◇

証明 まず $\lim_{N \to \infty} \mathrm{E}[1 \wedge |Y_N - Y|] = 0$ および $\epsilon > 0$ を仮定すると，確率の非負値性とチェビシェフの不等式を（命題 2.2 で $X = |Y_N - Y|$ および $h(x) = 1 \wedge (x \vee 0)$ および $a = \epsilon$ と置いて）用いると，
$$0 \leqq \mathrm{P}[|Y_N - Y| > \epsilon] \leqq \frac{1}{\epsilon} \mathrm{E}[1 \wedge |Y_N - Y|], \quad N = 1, 2, \ldots$$

なので（実数列についての挟み撃ちの原理から）$\lim_{N\to\infty} \mathrm{P}[|Y_N-Y|>\epsilon]=0$ を得る.

逆の証明は，$0<\epsilon<1$ なる ϵ を任意に固定したとき，（集合の定義関数 (1.11) を事象 $A=\{|Y_N-Y|>\epsilon\}$ に用いて，期待値の単調性 (1.15) を活用することで，）

$$\begin{aligned}\mathrm{E}[\,1\wedge|Y_N-Y|\,] &= \mathrm{E}[\,(1\wedge|Y_N-Y|)\,\mathbf{1}_{|Y_N-Y|>\epsilon}\,] \\ &\quad + \mathrm{E}[\,(1\wedge|Y_N-Y|)\,\mathbf{1}_{|Y_N-Y|<\epsilon}\,] \\ &\leqq \mathrm{E}[\,\mathbf{1}_{|Y_N-Y|>\epsilon}\,] + \mathrm{E}[\,\epsilon\,\mathbf{1}_{|Y_N-Y|<\epsilon}\,] \\ &\leqq \mathrm{E}[\,\mathbf{1}_{|Y_N-Y|>\epsilon}\,] + \epsilon, \quad N=1,2,\ldots\end{aligned}$$

を得るので，確率と期待値の基本関係 (1.12) と仮定 $\lim_{N\to\infty} \mathrm{P}[|Y_N-Y|>\epsilon]=0$ から，

$$\begin{aligned}\varlimsup_{N\to\infty} \mathrm{E}[\,1\wedge|Y_N-Y|\,] &\leqq \varlimsup_{N\to\infty} \mathrm{E}[\,\mathbf{1}_{|Y_N-Y|>\epsilon}\,] + \epsilon \\ &= \lim_{N\to\infty} \mathrm{P}[|Y_N-Y|>\epsilon] + \epsilon = \epsilon\end{aligned}$$

を得る．左辺は非負で ϵ によらないから 0 と定まり，

$$0 \leqq \varliminf_{N\to\infty} \mathrm{E}[\,1\wedge|Y_N-Y|\,] \leqq \varlimsup_{N\to\infty} \mathrm{E}[\,1\wedge|Y_N-Y|\,]$$

と合わせて $\lim_{N\to\infty} \mathrm{E}[\,1\wedge|Y_N-Y|\,]=0$ を得る． □

なお，確率収束は測度論の測度収束だが，測度が確率測度の場合には確率収束と呼ぶ．

線形空間としての関数空間（確率変数の集合）と測度空間としての確率空間に基づく（セミ）ノルムから定義される（擬）距離という一般論によって，(2.15) の d_1 と (2.18) の d_0 という2種類の擬距離に基づく実確率変数列の収束を紹介した．試みに，実数列の収束の定義でその類推を考える．(2.9) の類推が d_1 に基づく1次平均収束と考えると，d_0 に基づく確率収束の類推は

$$(\forall \epsilon>0)\ \exists N\in\mathbb{N};\ (\forall n\geqq N)\ 1\wedge|a_n-\alpha|\leqq\epsilon$$

2.3 実確率変数列の確率収束

となるだろうが，これは実数列の収束の標準の定義 (2.9) と同値である．実際，これらの主張で最初の量化記号 ($\forall \epsilon > 0$) を除いた式は小さい ϵ で成り立てば同じ N でより大きい N でも成り立つので，ϵ が小さいときが成否を決めるが，$\epsilon < 1$ ならば $1 \wedge |a_n - \alpha| \leqq \epsilon$ と $|a_n - \alpha| \leqq \epsilon$ は同値なので，2 つの式は同値になる．つまり一方で収束する実数列は他方でも収束する．だから実数列では収束の定義 (2.9) の $|a_n - \alpha|$ を $1 \wedge |a_n - \alpha|$ にとりかえて式を複雑にすることは意味がないし考えない．

これに対して，1 次平均収束と確率収束は同値ではない．期待値の単調性から $0 \leqq d_0(X, Y) \leqq d_1(X, Y)$ なので，1 次平均収束すれば確率収束する．ここまでは実数列の場合と同様だが，逆は一般には言えない．反例となる $Y_N \in L^1$ として，2 点 $\{0, N\}$ を値域とする実確率変数で $\mathrm{P}[Y_N = N] = \dfrac{1}{N}$ となるものを $N = 1, 2, \ldots$ について考え，Y を恒等的に 0 な確率変数とすると，$\epsilon > 0$ のとき $\mathrm{P}[|Y_N - Y| > \epsilon] \leqq \dfrac{1}{N}$ なので (2.20) が成り立つから確率収束するが，期待値の定義から

$$\mathrm{E}[|Y_N - Y|] = \mathrm{P}[Y_N = N] \times N + \mathrm{P}[Y_N = 0] \times 0 = 1$$

なので，$\lim_{N \to \infty} d_1(Y_N, Y) = 1$ となって，0 に収束しないから，Y_N は Y に 1 次平均収束しない．

収束は集合の 2 つの点が似ているという概念を数学的に理想化して定義とするので，関数（確率変数）のように類似についての注目点が無数にある対象の集合では，注目点ごとに異なる収束の定義があり得る．言い換えると，解くべき問題ごとに期待される収束が異なるので，問題の標準的な類型に応じた複数の基礎的な収束の定義が教科書に用意される．たとえば (2.18) の確率収束は実可測関数の集合 L^0 の任意の列に対して定義される（収束する・しないを議論できる）ことが利点であり，(2.16) の 1 次平均収束は斉次性 $d_1(kX, kY) = |k| d_1(X, Y), k \in \mathbb{R}$ が役立つ場合があると想像できる．また，両者とも（先人が工夫してまとめた）距離やノルムについての一般論が使えるという共通点がある．

2.4　実確率変数列の概収束

概収束は（擬）距離を用いずに確率変数の列の収束を実数の列の収束に帰着させる．実際，1.3 節で実確率変数列 $Y_N \in L^0$, $N = 1, 2, \ldots$ が実確率変数 $Y \in L^0$ に概収束することを

$$(\forall \epsilon > 0) \lim_{N_0 \to \infty} \mathrm{P}\left[\bigcup_{N \geqq N_0} \{|Y_N - Y| > \epsilon\}\right] = 0$$

が成り立つことと定義した．ところで，1.2 節では概収束を (1.24) で定義し，$\lim_{N \to \infty} Y_N = Y$, $a.e.$ とも書くことに言及した．まずこの 2 つの定義が同値であることを確認する．

命題 2.9　実確率変数列 $Y_N \in L^0$, $N = 1, 2, \ldots$ と実確率変数 $Y \in L^0$ について以下は同値である．

(i) $\mathrm{P}[\lim_{N \to \infty} Y_N = Y] = 1$, すなわち (1.24) が成り立つ．

(ii) $(\forall \epsilon > 0) \, \mathrm{P}[\exists N_0; \, (\forall N \geqq N_0) \, |Y_N - Y| \leqq \epsilon] = 1$.

(iii) $(\forall \epsilon > 0) \, \mathrm{P}\left[\bigcap_{N_0 \in \mathbb{N}} \bigcup_{N \geqq N_0} \{|Y_N - Y| > \epsilon\}\right] = 0$.

(iv) $(\forall \epsilon > 0) \lim_{N_0 \to \infty} \mathrm{P}\left[\bigcup_{N \geqq N_0} \{|Y_N - Y| > \epsilon\}\right] = 0$. 　　　$\diamond$

証明　**(i)** $\Leftrightarrow$ **(ii)**　(1.24) の極限の記号を定義 (2.9) に $a_n = Y_N$ と $\alpha = Y$ を代入して書くと

$$\mathrm{P}[(\forall \epsilon > 0) \, \exists N_0; \, (\forall N \geqq N_0) \, |Y_N - Y| \leqq \epsilon] = 1.$$

ここで，どんな小さい正数に対してもそれよりも 0 に近い自然数の逆数があることに注意すると，$(\forall \epsilon > 0) \, \exists N_0; \, (\forall N \geqq N_0) \, |Y_N - Y| \leqq \epsilon$ と $(\forall n \in \mathbb{N}) \, \exists N_0; \, (\forall N \geqq N_0) \, |Y_N - Y| \leqq \frac{1}{n}$ は同値だから (1.24) は

$$\mathrm{P}\left[\bigcap_{n \in \mathbb{N}} \left\{\exists N_0; \, (\forall N \geqq N_0) \, |Y_N - Y| \leqq \frac{1}{n}\right\}\right] = 1$$

と同値である．

単調な包含関係のある可測集合列 $A_1 \supset A_2 \supset \cdots$ について成り立つ

$$\mathrm{P}\left[\bigcap_{n\in\mathbb{N}} A_n\right] = \lim_{n\to\infty} \mathrm{P}[A_n] \tag{2.21}$$

と測度の単調性，すなわち

$$A \subset B \quad \text{ならば} \quad \mathrm{P}[A] \leqq \mathrm{P}[B] \tag{2.22}$$

によって得られる $\lim_{n\to\infty} \mathrm{P}[A_n] \leqq \mathrm{P}[A_n] \leqq \cdots \leqq \mathrm{P}[A_1] \leqq 1$ において

$$A_n = \left\{\exists N_0;\ (\forall N \geqq N_0)\ |Y_N - Y| \leqq \frac{1}{n}\right\}$$

を代入するとわかるように，(1.24) はさらに

$$(\forall n \in \mathbb{N})\ \mathrm{P}\left[\exists N_0;\ (\forall N \geqq N_0)\ |Y_N - Y| \leqq \frac{1}{n}\right] = 1 \tag{2.23}$$

と同値である．したがって，この証明の冒頭で用いた ϵ と $\dfrac{1}{n}$ の議論によって

$$(\forall \epsilon > 0)\ \mathrm{P}[\exists N_0;\ (\forall N \geqq N_0)\ |Y_N - Y| \leqq \epsilon] = 1$$

と同値になる．

(ii) $\Leftrightarrow$ **(iii)** (2.23) において補集合を考えることで (1.24) は

$$(\forall n \in \mathbb{N})\ \mathrm{P}\left[\forall N_0;\ (\exists N \geqq N_0)\ |Y_N - Y| > \frac{1}{n}\right] = 0$$

と同値だが左辺を集合算で書くと

$$(\forall n \in \mathbb{N})\ \mathrm{P}\left[\bigcap_{N_0 \in \mathbb{N}} \bigcup_{N \geqq N_0} \left\{|Y_N - Y| > \frac{1}{n}\right\}\right] = 0$$

となるので，(i) と (ii) の同値の証明の冒頭の議論によって

$$(\forall \epsilon > 0)\ \mathrm{P}\left[\bigcap_{N_0 \in \mathbb{N}} \bigcup_{N \geqq N_0} \{|Y_N - Y| > \epsilon\}\right] = 0 \tag{2.24}$$

と同値になる．

(iii) ⇔ **(iv)** (2.21) を用いると，(2.24) は

$$(\forall \epsilon > 0) \lim_{N_0 \to \infty} \mathrm{P}\left[\bigcup_{N \geqq N_0} \{|Y_N - Y| > \epsilon\}\right] = 0$$

と同値である． □

証明について補足を加えておく．まず，確率測度の連続性とも呼ばれる (2.21) は，単調収束定理 (1.14) で $X_n = \prod_{k=1}^{n} \mathbf{1}_{A_k}$ と置いて確率と期待値の基本関係 (1.12) と包含関係 $A_1 \supset A_2 \supset \cdots$ を使うことで，

$$\mathrm{P}\left[\bigcap_{k \in \mathbb{N}} A_k\right] = \mathrm{E}\left[\lim_{n \to \infty} \prod_{k=1}^{n} \mathbf{1}_{A_k}\right]$$
$$= \lim_{n \to \infty} \mathrm{E}\left[\prod_{k=1}^{n} \mathbf{1}_{A_k}\right] = \lim_{n \to \infty} \mathrm{P}\left[\bigcap_{k=1}^{n} A_k\right] = \lim_{n \to \infty} \mathrm{P}[A_n]$$

によって (1.14) の特別な場合であることがわかる．ただし，測度論の論理構成上は順序が逆で，先に測度の σ 加法性から (2.21) が証明できて，それを可測関数の積分に翻訳一般化したのが (1.14) である．同様に，論理の順序が逆だが，可測集合の（包含関係は問わない）列 $A_N \subset \Omega, N = 1, 2, \ldots$ に対して $C = \bigcup_{N \in \mathbb{N}} A_N$ と置くと $\mathbf{1}_C \leqq \sum_{N=1}^{\infty} \mathbf{1}_{A_N}$ が各 $\omega \in \Omega$ で成り立つので，単調収束定理 (1.14) と (1.12) と線形性 (1.13) から，(1.18) の無限列版である劣加法性

$$\mathrm{P}\left[\bigcup_{N \in \mathbb{N}} A_N\right] \leqq \sum_{N=1}^{\infty} \mathrm{P}[A_N] \tag{2.25}$$

を確認できる．

命題の証明についてもう1つの補足は，正の実数 ϵ に関する極限や集合算を自然数 n に関する極限や集合算に置き換えてから確率を測ることとの順序を入れ換えたことである．これは上で注記した確率の連続性 (2.21) や劣加法性 (2.25) などの「級数と確率の順序を入れ換える」公式が，自然数で番号付

2.4 実確率変数列の概収束

けられた列の場合に成り立つからである．ここの証明のように，入れ換えてから実数の性質によって自然数 n の逆数を任意の正の実数 ϵ に一般化できる状況では一見無駄な技術的作業に見えるかもしれないが，この手続を踏めない状況では矛盾を起こす可能性があり，入れ換えることができない．σ 加法性，すなわち，自然数で番号付けられる列（可算列）は矛盾なく測度をとる操作と順序を入れ換えられることは測度論の原点である．

概収束と確率収束の関係に話を進める．測度の単調性 (2.21) から，

$$\mathrm{P}[\{|Y_N - Y| > \epsilon\}] \leqq \mathrm{P}[\bigcup_{n \geqq N} \{|Y_n - Y| > \epsilon\}]$$

なので，命題 2.8 の (2.20) と命題 2.9 (iv) を見比べると，概収束すれば確率収束することがわかる．しかし，逆は反例（タイプライター列と学生に俗称されることもある例）がある．自然数 k ごとに k 桁の 0 と 1 からなる列の集合（添字集合）を $\Lambda(k)$ と置く．たとえば $\Lambda(1) = \{0, 1\}$ および $\Lambda(2) = \{00, 01, 10, 11\}$ である．各添字，つまり自然数 k と $i \in \Lambda(k)$ の組に対して事象 $A_{k,i} \in \mathcal{F}$ を，

(i) i と i' が同じ添字長さで異なる添字 ($i \neq i'$) ならば排反，すなわち，

$$A_{k,i} \cap A_{k,i'} = \emptyset$$

かつ，

(ii) 添字長さ k を固定してすべての和集合をとれば全事象，すなわち，

$$\bigcup_{i \in \Lambda(k)} A_{k,i} = \Omega$$

かつ，

(iii) $k < k'$ かつ $i' \in \Lambda(k')$ のとき，列 i' の最初の k 桁だけに制限した添字を i と置くと $A_{k',i'} \subset A_{k,i}$，つまり，ある集合の添字の後に 0 または 1 を並べた長い添字の集合は元の短い集合の部分集合

であるように選ぶ．このように $A_{k,i}$ たちを定義するとたとえば

$$A_{1,0} \supset A_{2,01} \supset A_{3,010} \supset \cdots \tag{2.26}$$

のように添字の列の延長は部分集合の列を意味し，また，固定した長さの添字の集合の族は，たとえば

$$A_{1,0} = A_{2,00} \cup A_{2,01} \quad A_{2,00} \cap A_{2,01} = \emptyset \tag{2.27}$$

のように，より短い添字の集合の分割を得ることが帰納的にわかる．次に集合の確率を

$$\mathrm{P}[A_{k,i}] = 2^{-k}, \quad i \in \Lambda(k), \ k \in \mathbb{N}$$

とする．この選び方は，固定した長さの添字を持つ集合の族がより短い添字の集合の分割を得ることと矛盾しない．最後に，これらの集合 $A_{k,i}$ たちに通し番号をつけた集合の列を B_N, $N = 1, 2, \ldots$ と置く．（すべての $A_{k,i}$ たちがもれなく並んでいれば並び順は以下に影響しないが，たとえば，辞書式にまず k の小さい順に分類して，等しい長さ k の間では 00, 01, 10, 11 のように位取り記法と思って小さい順に並べればよい．）

命題 2.10 各自然数 N に対して $B_N \in \mathcal{F}$ を上記のとおりとし，実確率変数列 $Y_N \in L^0$, $N = 1, 2, \ldots$ を $Y_N = \mathbf{1}_{B_N}$ で定義し，$Y \in L^0$ を恒等的に 0 の関数とする．このとき，Y_N は Y に確率収束するが概収束しない． ◇

証明 $\epsilon > 0$ と $\epsilon' > 0$ を任意にとり，$2^{-k} < \epsilon'$ となる最小の k を $k = k_0$ と置く．k_0 は ϵ' だけで決まる．長さ k_0 未満の添字の集合はもちろん有限集合なので，$B_N = A_{k,i}$ と書き直すとき，添字 i の長さ k が k_0 未満のものは集合列 B_N, $N = 1, 2, \ldots$ のある項 N_0 以前までにすべて出尽くして，$N \geqq N_0$ では $k \geqq k_0$ であるような（ϵ' だけで決まる）自然数 N_0 がとれる．このとき，$\mathrm{P}[B_N] \leqq 2^{-k_0} < \epsilon'$, $N \geqq N_0$ である．Y は恒等的に 0 だから，

$$\{\omega \in \Omega \mid |Y_N(\omega) - Y(\omega)| > \epsilon\} = \begin{cases} \emptyset, & \epsilon \geqq 1, \\ B_N, & 0 < \epsilon < 1 \end{cases}$$

が成り立つので，

$$\mathrm{P}[|Y_N - Y| > \epsilon] \leqq \mathrm{P}[B_N] \leqq 2^{-k_0} < \epsilon', \quad N \geqq N_0$$

2.4 実確率変数列の概収束

N_0 は $\epsilon' > 0$ がどんなに小さくても (ϵ' だけで) 決まるので, $\lim_{N \to \infty} \mathrm{P}[|Y_N - Y| > \epsilon] = 0$ を得る. $\epsilon > 0$ は任意だから, 命題 2.8 の (2.20) が成り立ち, Y_N は Y に確率収束する.

他方, $\omega \in \Omega$ に対して, 各 k ごとに $A_{k,i}$, $i \in \Lambda(k)$ が Ω の分割なので, $\omega \in A_{k,i}$ を満たす $i = i_k(\omega)$ がただ 1 つ決まる. $k < k'$ で $i \in \Lambda(k)$, $i' \in \Lambda(k')$ のとき, i が i' の部分列ならば (2.26) のように包含関係 $A_{k',i'} \subset A_{k,i}$ が成り立ち, そうでなければ排反である. 作り方から $\omega \in A_{k,i_k(\omega)} \cap A_{k',i_{k'}(\omega)}$ だから (排反でないので包含関係だから),

$$A_{1,i_1(\omega)} \supset A_{2,i_2(\omega)} \supset \cdots \ni \omega$$

である. (2.27) のように k が等しい $A_{k,i}$ たちは互いに共通部分を持たないので, これ以外の $A_{k,i}$ は ω を要素に持たない. よって $\omega \in B_N$ となる N と $\omega \notin B_N$ となる N はともに無数にあり, それぞれ $Y_N(\omega) = 1$ および $Y_N(\omega) = 0$ となる. よって実数列 $Y_N(\omega)$, $N = 1, 2, \ldots$ は ($Y(\omega)$ どころか何にも) 収束しない. したがって特に, $\mathrm{P}[\lim_{N \to \infty} Y_N = Y] = 0 \neq 1$ なので, 命題 2.9 (i), すなわち (1.24) が成り立たない (確率 1 で Y_N が Y に収束するどころか, どの ω でも $Y_N(\omega)$ はどこにも収束しない). 特に Y_N は Y に概収束しない. □

命題 2.10 の概収束しないことの証明において, 各点 $\omega \in \Omega$ ごとに関数 (確率変数) の値 $a_N = Y_N(\omega)$ を N について並べた実数列 a_n, $n = 1, 2, \ldots$ の挙動を調べた. 実際, 概収束の定義の同値変形を並べた命題 2.9 の最初の式 (1.24) を (確率測度 P を可測空間 $(\Omega, \mathcal{F})$ 上の集合関数として, および, 確率変数を Ω 上の関数として) 明示的に書くと

$$\mathrm{P}[\{\omega \in \Omega \mid \lim_{N \to \infty} Y_N(\omega) = Y(\omega)\}] = 1$$

となり,

$$\Omega' = \{\omega \in \Omega \mid \lim_{N \to \infty} Y_N(\omega) = Y(\omega)\}$$

と置くと, Y_N が Y に概収束するとは, 実数列 $a_n = Y_n(\omega)$, $n = 1, 2, \ldots$ が実数 $\alpha = Y(\omega)$ に収束する点 $\omega \in \Omega$ を集めた集合 Ω' の確率が 1 であるとい

うことである．

PのΩ'への制限，すなわち，全体集合をΩ'として（集合としてΩ'の部分集合のみを考えて），集合関数Pの定義域を$\mathcal{F}' = \{A \in \mathcal{F} \mid A \subset \Omega'\}$に制限したものを改めてPと書けば（つまり，同じ集合に対しては確率の値を変えないままで）$(\Omega', \mathcal{F}', P)$は確率空間となり，$\Omega'$に制限して考えれば関数$Y_N : \Omega' \to \mathbb{R}$は$\Omega'$の各点で関数$Y$に収束する．こうして，値を変えることなく概収束を各点収束に直せる．もちろん逆にΩ上で各点収束すれば（上記において$\Omega' = \Omega$なので）Ω上で概収束する．微分積分学の初等教科書で，関数の収束の説明を各点収束から始めることがあるが，以上の意味では概収束は各点収束に近い．

ただし，概収束を各点収束と呼び直すためだけに全体集合をとりかえることはしない．たとえば1.1節で無限硬貨投げと呼んだラーデマッヘル列にはすべて表，つまり$1 = X_1(\omega_0) = X_2(\omega_0) = \cdots$を満たす$\omega_0 \in \Omega$は無限硬貨投げの空間（直積空間）の要素として残すほうが自然であろう．したがって，概収束のほうが各点収束よりも確率論では素直な定義である．

話を戻して，概収束は確率収束より強い収束であることを命題2.10までの議論で見たが，どの程度近い概念かということについて次が知られている．

命題 2.11 実確率変数列$Y_N \in L^0$, $N = 1, 2, \ldots$が実確率変数$Y \in L^0$に確率収束するならば部分列，すなわち，狭義増加する自然数の列$N_k \in \mathbb{N}$, $k = 1, 2, \ldots$が存在して，列Y_{N_k}, $k = 1, 2, \ldots$はYに概収束する． ◇

証明 確率収束するので，任意の正数$\epsilon > 0$に対して，命題2.8の(2.20)が成り立つが，さらに任意の自然数kに対して実数列の収束の定義(2.9)を$\epsilon = 2^{-k}$として用いると，

$$P[|Y_N - Y| > \epsilon] \leqq 2^{-k}, \quad N = n_k, n_{k+1}, \ldots$$

を満たす（kに応じて決まる）自然数n_kがある．kについて帰納的に増加列になるように$N \geqq n_k$を選ぶことで，自然数の増加列（部分列）$N_1, N_2, \ldots$で

$$P[|Y_{N_k} - Y| > \epsilon] \leqq 2^{-k}, \quad k = 1, 2, \ldots$$

2.4 実確率変数列の概収束

となるものがとれる．劣加法性 (2.25) から，

$$\mathrm{P}\left[\bigcup_{k=N_0}^{\infty}\{|Y_{N_k}-Y|>\epsilon\}\right] \leqq \sum_{k=N_0}^{\infty}\mathrm{P}[\,\{|Y_{N_k}-Y|>\epsilon\}\,]$$
$$\leqq \sum_{k=N_0}^{\infty} 2^{-k} = 2^{-N_0+1}$$

が任意の自然数 N_0 について成り立つ．よって特に

$$\lim_{N_0\to\infty}\mathrm{P}\left[\bigcup_{k=N_0}^{\infty}\{|Y_{N_k}-Y|>\epsilon\}\right] = 0$$

が成り立つ．$\epsilon>0$ は任意なので，命題 2.9 (iv) が成り立つ．すなわち，Y_{N_k} は Y に概収束する． □

2.3 節で 1 次平均収束と確率収束を，それぞれ (2.15) の d_1 と (2.18) の d_0 という，擬距離に基づく収束 (2.13) として紹介した．対照的に概収束は一般に (2.13) の形に書くことができない．命題 2.11 を用いてその理由の概略を示す．背理法で，擬距離 $\delta\colon L^0\times L^0\to\mathbb{R}_+$ があって，Y_N が $N\to\infty$ で Y に概収束することと $\lim_{N\to\infty}\delta(Y_N,Y)=0$ が同値であるとする．確率変数 Y に確率収束するが概収束しない列確率変数列 $Y_N,\ N=1,2,\ldots$（たとえば命題 2.10 のタイプライター列）を固定する．擬距離で書くと $\lim_{N\to\infty}d_0(Y_N,Y)=0$ だが $\lim_{N\to\infty}\delta(Y_N,Y)=0$ ではない．実数列の収束の定義 (2.9)（の対偶）から，ある正数 ϵ と自然数の部分列 $N_1<N_2<\cdots$ が存在して

$$\delta(Y_{N_k},Y)\geqq \epsilon,\quad k=1,2,\ldots \tag{2.28}$$

が成り立つ．一方，Y_N は Y に確率収束するので部分列 $Y_{N_1},Y_{N_2},\ldots$ も確率収束する．したがって命題 2.11 から，$N_1,N_2,\ldots$ の部分列 $N_1',N_2',\ldots$ が存在して $Y_{N_1'},Y_{N_2'},\ldots$ は Y に概収束する．すなわち

$$\lim_{k\to\infty}\delta(Y_{N_k'},Y)=0$$

となるが，これは (2.28) に矛盾する．よって，概収束が δ に基づくことはできない．（擬）距離に基づく収束の概念は普遍性があり，多く用いられるが，概収束のように基本的な収束でも（擬）距離で書けるとは限らないものもある．

2.5　実確率変数列の完全収束

1.3 節で並べて紹介した確率収束，概収束，完全収束のうち最初の 2 つの立ち入った説明がすんだので，本書の本題である完全収束の話に進む．

前節で確率収束よりも概収束が強い収束である，すなわち概収束すれば確率収束するが逆は一般には成り立たない，ことをやや詳しく紹介した．他方で，2 種類の収束に強弱があっても両者に密接な関係があることも命題 2.11 で見た．

1.3 節で並べて紹介した際の定義を比べると，完全収束は概収束よりも強いことも見てとれる．（定理 1.1 と 1.3 節の (1.27) で引用したことを合わせると，期待値が有限だが分散が有限でない確率変数と同分布で独立な実確率変数列の算術平均の列は，概収束するが完全収束しない．）両者のより詳しい関係について 1.3 節の定理 1.4 の前や 1.5 節の定理 1.7 の後で予告していた命題 2.14 の証明には次のボレル・カンテリの定理 I と II を用いる．

定理 2.12（ボレル・カンテリの定理 I）　可測集合列 $A_N \subset \Omega$, $N = 1, 2, \ldots$ が $\sum_{N=1}^{\infty} \mathrm{P}[A_N] < \infty$ を満たせば

$$\mathrm{P}\left[\bigcap_{N_0 \in \mathbb{N}} \bigcup_{N \geq N_0} A_N\right] = 0$$

が成り立つ．　　　　　　　　　　　　　　　　　　　　　　　　　　　　◇

証明　測度の単調性 (2.22) と劣加法性 (2.25) から

$$\mathrm{P}\left[\bigcap_{N_0 \in \mathbb{N}} \bigcup_{N \geq N_0} A_N\right] \leq \mathrm{P}\left[\bigcup_{N \geq N_0} A_N\right] \leq \sum_{N=N_0}^{\infty} \mathrm{P}[A_N]$$

だが，級数の収束は部分和数列の収束，すなわち，級数の和と部分和数列の差が 0 に収束することだから，

$$\lim_{N_0 \to \infty} \sum_{N=N_0}^{\infty} \mathrm{P}[A_N] = 0$$

2.5 実確率変数列の完全収束

なので主張が成り立つ. □

実確率変数列に対する独立の定義 (1.21) を用いて書くと, 可測集合列 $A_N \in \mathcal{F}$, $N = 1, 2, \ldots$ が独立とは, 実確率変数列 $\mathbf{1}_{A_N}$, $N = 1, 2, \ldots$ が独立のことを言う. 定義関数の値域は $\{0, 1\}$ なので, この定義は自然数の任意の有限列 $N_1, N_2, \ldots, N_k$ に対して

$$P\left[\bigcap_{i=1}^{k} A_{N_i}\right] = \prod_{i=1}^{k} P[A_{N_i}] \tag{2.29}$$

が成り立つことと同値である.

定理 2.13 (ボレル・カンテリの定理 II) $A_N \subset \Omega$, $N = 1, 2, \ldots$ が独立な可測集合列で,

$$\sum_{N=1}^{\infty} P[A_N] = \infty$$

ならば

$$P\left[\bigcap_{N_0 \in \mathbb{N}} \bigcup_{N \geqq N_0} A_N\right] = 1$$

が成り立つ. ◇

証明 補集合を調べると, 劣加法性 (2.25) と独立性の仮定から

$$P\left[\bigcup_{N_0 \in \mathbb{N}} \bigcap_{N \geqq N_0} A_N^c\right] \leqq \sum_{N_0=1}^{\infty} \prod_{N=N_0}^{\infty} (1 - P[A_N])$$

$$\leqq \sum_{N_0=1}^{\infty} e^{-\sum_{N \geqq N_0} P[A_N]} = 0$$

を得るので主張が成り立つ. □

命題 2.14 以下は同値である.

(i) 実確率変数列 Y_N, $N = 1, 2, \ldots$ が Y に完全収束する. すなわち,

$$(\forall \epsilon > 0) \lim_{N_0 \to \infty} \sum_{N=N_0}^{\infty} P[|Y_N - Y| > \epsilon] = 0 \tag{2.30}$$

が成り立つ.

(ii) 整数 N_0 が存在して,
$$(\forall \epsilon > 0) \quad \sum_{N=N_0+1}^{\infty} \mathrm{P}[|Y_N - Y| > \epsilon] < \infty \tag{2.31}$$
が成り立つ.

(iii) 各 N ごとに $Y_N - Y$ と同分布な Z_N の任意の列が 0 に概収束する.（平たく言えば，Z_N を個別の N ごとに同分布な範囲で「他の N' の $Z_{N'}$ と無関係にとりかえても」概収束する.）

(iv) $Z_N, N = 1, 2, \ldots$ が独立確率変数列で各 N ごとに $Y_N - Y$ と Z_N が同分布のとき 0 に概収束する. $\diamond$

証明 (i) $\Leftrightarrow$ (ii)　(2.30) が成り立てば，もちろん（十分大きな N_0 に対して）(2.31) の右辺の極限記号の中の数列の第 N_0 項は有限である．逆に (2.31) が成り立つと，級数の和の定義から部分和と級数の和の差は 0 に収束するので (2.30) が成り立つ.

(ii) $\Rightarrow$ (iii)　(iii) の仮定と (ii) から,
$$(\forall \epsilon > 0) \quad \sum_{N=1}^{\infty} \mathrm{P}[|Z_{N_0+N}| > \epsilon] < \infty \tag{2.32}$$
が成り立つから，各 $\epsilon > 0$ ごとにボレル・カンテリの定理 I が使える．$A_N = \{\omega \in \Omega \mid |Z_{N_0+N}(\omega)| > \epsilon\}$ とすることで，定理 2.12 から
$$\mathrm{P}\left[\bigcap_{N_0' \in \mathbb{N}} \bigcup_{N \geqq N_0'} \{|Z_{N_0+N}| > \epsilon\}\right] = 0$$
を得る．これが任意の $\epsilon > 0$ に対して成り立つから，命題 2.9 (iii) で $Y_N = Z_{N_0+N}$ かつ $Y = 0$ とした式を得るので，命題 2.9 から Z_N は 0 に概収束する.

(iii) $\Rightarrow$ (iv)　同分布な任意の場合に概収束すれば，もちろん独立な場合に概収束する.

(iv) ⇒ **(ii)**　各 N ごとに $Y_N - Y$ と Z_N が同分布な独立確率変数列 Z_N, $N = 1, 2, \ldots$ が 0 に概収束すると，命題 2.9 (iii) から

$$(\forall \epsilon > 0) \ \mathrm{P}\left[\bigcap_{N_0 \in \mathbb{N}} \bigcup_{N \geq N_0} \{|Z_N| > \epsilon\}\right] = 0.$$

Z_N, $N = 1, 2, \ldots$ は独立だから，ボレル・カンテリの定理 II（定理 2.13）の対偶から，

$$\sum_{N=1}^{\infty} \mathrm{P}[|Z_N| > \epsilon] < \infty.$$

Z_N と $Y_N - Y$ が同分布なので，(2.31) が成り立つから，Y_N は Y に完全収束する． □

　命題 2.14 の証明におけるボレル・カンテリの定理の使い方から，定理 2.12 の仮定 $\sum_{N=1}^{\infty} \mathrm{P}[A_N] < \infty$ が完全収束，結論 $\mathrm{P}\left[\bigcap_{N_0 \in \mathbb{N}} \bigcup_{N \geq N_0} A_N\right] = 0$ が概収束に対応していて，A_N たちが独立事象のとき定理 2.13 から両者が同値であるという対応関係がわかる．

　完全収束の基礎事項を終える前に，実確率変数列の完全収束の扱いやすい十分条件として，モーメントの級数の収束を紹介する．(本題である，3.1 節の独立実確率変数列の大数の完全の法則の証明で用いる．)

命題 2.15　実確率変数列 Y_N, $N = 1, 2, \ldots$ と実確率変数 Y に対して非負項の級数 $\sum_{N=N_0}^{\infty} \mathrm{E}[|Y_N - Y|^p]$ が収束する自然数 N_0 と正数 p があれば，Y_N は $N \to \infty$ で Y に完全収束する． ◇

証明　チェビシェフの不等式（命題 2.2）の (2.4) で $X = |Y_N - Y|$ と $q = p > 0$ と $a = \epsilon > 0$ を代入することで，

$$\sum_{N=N_0+1}^{\infty} \mathrm{P}[|Y_N - Y| > \epsilon] \leqq \epsilon^{-p} \sum_{N=N_0+1}^{\infty} \mathrm{E}[|Y_N - Y|^p]$$

を得るが，仮定から右辺は収束するから (2.31) が成り立つ．命題 2.14 の (ii) ⇒ (i) から Y_N は Y に完全収束する． □

確率変数列（関数列）の収束は何に注目して関数が近いと見るかによって無数の異なる定義を考え得る．そうすると，収束にまつわる各々の問題においてどの収束が自然か，教科書や論文のある定理でなぜ特定の収束に挑戦したのかという疑問が初学者には生じる．この種の数学として定式化できない問題に数学的な意味で正解はないが，各々の問題の自然な仮定の下で成り立つ最強の収束が最終目標であるとは言えよう．また，最終目標に達する前の中間段階として目標以外の収束を利用することも考えられる．強い収束が成り立つと期待できる問題であっても系が複雑なために証明が難しい場合に，まず弱い収束を証明し，その結果得られる極限の性質などに基づいてより強い収束を証明したり，弱い収束が緩い仮定で成り立つ場合に，強い収束が成り立つために付加すべき仮定を見出すことが考えられるし，簡単な系の強い収束を利用して複雑な系の通常の収束を得ることも考えられる．たとえば従属確率変数列の大数の法則を証明するために，本書のような独立確率変数列の大数の完全法則という強い収束を証明して，その強さを利用して元の問題の従属性を摂動として取り扱う可能性も考えられる．

本書は通常の基礎教科書で扱う概収束よりも強い完全収束を主題とするので，弱い収束は手薄である．少なくとも確率変数列の法則収束はどの初等教科書でも欠かすことがないので，実確率変数列について定義だけを紹介しておく．実確率変数列 $Y_N: \Omega \to \mathbb{R}$, $N = 1, 2, \ldots$ が実確率変数 $Y: \Omega \to \mathbb{R}$ に法則収束するとは任意の実数上の実数値有界連続関数 $f: \mathbb{R} \to \mathbb{R}$ に対して

$$\lim_{N \to \infty} \mathrm{E}[f(Y_N)] = \mathrm{E}[f(Y)] \tag{2.33}$$

が成り立つことを言う．ここで 1.2 節の (1.22) で書いたとおり，習慣に従って Y と f を合成して得られる確率変数 $f \circ Y$ を $f(Y)$ などと書いた．

1 次平均収束の定義 (2.16) の下で期待値の収束 (2.17) との違いに言及したが，法則収束の定義で f を恒等的に 1 という特別な関数に選ぶと (2.33) から (2.16) を得る．期待値の収束は確率変数列（関数列）の収束と言うには粗すぎるが，法則収束は合成すべき関数 f が無数にあり，それらすべてについての実数列の収束 (2.33) をもって定義としている．

f を有界連続関数とすることの意味はこの程度の考察では見えにくいが，法

則収束は Y_N の分布 $\mathrm{P}\circ Y_N^{-1}$ が Y の分布に弱収束することが本来の定義であり，関数 f の選択は弱収束の定義に由来する．確率測度の弱収束の性質を用いることで法則収束が確率収束よりも弱い収束であることもわかる．このことを含めて確率変数列の法則収束（確率測度の弱収束）には種々の重要な基礎性質があるが，本題に入るべく，本書では割愛する．

第3章
独立実確率変数列の大数の完全法則の証明

3.1 大数の完全法則の証明

1.3 節で紹介した独立実確率変数列の大数の完全法則を証明する．定理 1.3 の表記に従って確率変数列を $X_k^{(N)}$, $k=1,\ldots,N$, $N=1,2,\ldots$ と書く．証明の際の表記の節約のため以下

$$\Delta X_k^{(N)} = X_k^{(N)} - \mathrm{E}[X_k^{(N)}], \quad k=1,2,\ldots,N, \ N=1,2,\ldots \tag{3.1}$$

と置く．1.3 節の定理 1.3 または定理 1.4 の仮定のうち同分布性は証明をほとんど変えずに少し緩められる．1.3 節で言及したが，[4, 5] は同分布の場合に算術平均が期待値に完全収束することと分散有限が同値であることを証明した．本書では同値であることの紹介は省略するので，緩めた形で証明する．

同分布の場合に算術平均 $\dfrac{1}{N}\sum_{k=1}^{N} X_k^{(N)}$ が共通の期待値 $\mathrm{E}[X]$ に概収束するという主張は，同分布性から，偏差の平均 $\dfrac{1}{N}\sum_{k=1}^{N}\Delta X_k^{(N)}$ が 0 に概収束することと同値である．同分布の場合は $\mathrm{V}[X_k^{(N)}]=\mathrm{V}[X]$ だが，証明で用いるのは後述のように ΔX に比べて $\Delta X_k^{(N)}$ の分布の裾が一様に細いことで，そのことから分散の有界性

$$\mathrm{V}[X_k^{(N)}] = \mathrm{E}[(\Delta X_k^{(N)})^2] \leqq \mathrm{V}[X], \quad k=1,\ldots,N, \ N=1,2,\ldots \tag{3.2}$$

が従い，大数の完全法則の証明にはそれで十分である．以上を踏まえて次の定理を証明する．

定理 3.1 (定理 1.4 から同分布性の仮定を緩めたもの) 実確率変数 $X: \Omega \to \mathbb{R}$ が期待値 $\mathrm{E}[X]$ と分散 $\mathrm{V}[X]$ を持つ（有限である）とし，$\Delta X = X - \mathrm{E}[X]$ と置く．各自然数 $N \in \mathbb{N}$ ごとに独立実確率変数列 $X_k^{(N)}$, $k = 1, 2, \ldots, N$ があって，すべての N と k について偏差の絶対値 $|\Delta X_k^{(N)}|$ の分布の裾が $|\Delta X|$ と比べて等しいか細い，すなわち，

$$\mathrm{P}[|\Delta X_k^{(N)}| \geqq a] \leqq \mathrm{P}[|\Delta X| \geqq a], \quad k = 1, 2, \ldots, N, \ N = 1, 2, \ldots, \ a \geqq 0 \tag{3.3}$$

が成り立つならば，偏差の算術平均が 0 に完全収束する．すなわち，(3.1) について

$$\sum_{N=1}^{\infty} \mathrm{P}\left[\left|\sum_{k=1}^{N} \Delta X_k^{(N)}\right| > N\epsilon\right] < \infty \tag{3.4}$$

が任意の正数 ϵ に対して成り立つ． $\diamond$

(3.3) と (2.7) で $q = 2$ としたものから，

$$\mathrm{V}[X_k^{(N)}] = \mathrm{E}[(\Delta X_k^{(N)})^2] = 2\int_0^{\infty} t\mathrm{P}[|\Delta X_k^{(N)}| \geqq t]\,dt$$
$$\leqq 2\int_0^{\infty} t\mathrm{P}[|\Delta X| \geqq t]\,dt = \mathrm{E}[(\Delta X)^2] = \mathrm{V}[X] \tag{3.5}$$

によって (3.2) を得る．同分布の場合（1.3 節の定理 1.3 または定理 1.4）は (3.3) を等号に読み換えるだけで以下の証明がそのまま成り立つ．

命題 2.14 で完全収束に同値ないくつかの書き方を紹介したが，(3.4) はそのうちの 1 つである．この書き方では，異なる N に登場する確率変数たちを添字 (N) で区別する必要はないが，命題 2.14 にあるとおり，完全収束では異なる N に対して同分布な別の確率変数を用意しても収束するので，（通常の大数の強法則よりも強い結果であることを強調すべく）添字を残しておく．

定理 3.1 の証明 以下正数 ϵ を固定し，また，これとは別に

$$\frac{3}{4} < \alpha < 1 \tag{3.6}$$

を満たす α を選んで固定する．

3.1 大数の完全法則の証明

まず，Ω の部分集合の間の包含関係

$$\left\{\omega \in \Omega \,\middle|\, \left|\sum_{k=1}^{N} \Delta X_k^{(N)}(\omega)\right| > N\epsilon\right\}$$
$$\subset \left\{\omega \in \Omega \,\middle|\, \exists k \in \{1,\ldots,N\};\ |\Delta X_k^{(N)}(\omega)| > \frac{1}{2}N\epsilon\right\}$$
$$\cup \left\{\omega \in \Omega \,\middle|\, \exists k_1 \neq k_2 \in \{1,\ldots,N\};\ |\Delta X_{k_j}^{(N)}(\omega)| > N^{\alpha},\ j=1,2\right\}$$
$$\cup \left\{\omega \in \Omega \,\middle|\, \left|\sum_{k=1}^{N} \Delta X_k^{(N)}(\omega)\,\mathbf{1}_{|\Delta X_k^{(N)}(\omega)| \leqq N^{\alpha}}\right| > \frac{1}{2}N\epsilon\right\} \tag{3.7}$$

が成り立つ．実際，左辺の条件が成り立ち，右辺の 1 項目と 3 項目の条件がともに成り立たないとして 2 項目の条件が成り立つことを確認する．すなわち，

$$\left|\sum_{k=1}^{N} \Delta X_k^{(N)}(\omega)\right| > N\epsilon,$$
$$|\Delta X_k^{(N)}(\omega)| \leqq \frac{1}{2}N\epsilon, \quad k=1,2,\ldots,N,$$
$$\left|\sum_{k=1}^{N} \Delta X_k^{(N)}(\omega)\,\mathbf{1}_{|\Delta X_k^{(N)}(\omega)| \leqq N^{\alpha}}\right| \leqq \frac{1}{2}N\epsilon$$

とすると，1 行目と絶対値の三角不等式 $|a+b| \leqq |a|+|b|$ から

$$\left|\sum_{k=1}^{N} \Delta X_k^{(N)}(\omega)\,\mathbf{1}_{|\Delta X_k^{(N)}(\omega)| \leqq N^{\alpha}}\right| + \left|\sum_{k=1}^{N} \Delta X_k^{(N)}(\omega)\,\mathbf{1}_{|\Delta X_k^{(N)}(\omega)| > N^{\alpha}}\right| > N\epsilon.$$

これと 3 行目から

$$\left|\sum_{k=1}^{N} \Delta X_k^{(N)}(\omega)\,\mathbf{1}_{|\Delta X_k^{(N)}(\omega)| > N^{\alpha}}\right| > \frac{1}{2}N\epsilon.$$

この条件と 2 行目が成り立つためには，少なくとも 2 つの異なる項 $k = k_j$，$j=1,2$ に対して定義関数の中の条件，$|\Delta X_{k_j}^{(N)}(\omega)| > N^{\alpha}$ が成り立つ必要がある．これは (3.7) の右辺 2 項目の条件である．有限劣加法性 (1.18) を (3.7) に適用して目標である (3.4) を証明する．

(3.7) の右辺最初の項の (3.4) への寄与は，劣加法性 (2.25) と仮定 (3.3) と実数積分の階段関数近似と (2.7) と次数についての単調性 ((1.19) で $p=1$ と $q=2$ の場合) から

$$\sum_{N=1}^{\infty} \mathrm{P}\left[\exists k \in \{1,\ldots,N\};\ |\Delta X_k^{(N)}| > \frac{1}{2}N\epsilon\right]$$
$$\leqq \sum_{N=1}^{\infty} \sum_{k=1}^{N} \mathrm{P}\left[|\Delta X_k^{(N)}| > \frac{1}{2}N\epsilon\right]$$
$$\leqq \sum_{N=1}^{\infty} N\mathrm{P}\left[|\Delta X| > \frac{1}{2}N\epsilon\right]$$
$$\leqq \frac{2}{\epsilon} \int_0^{\infty} (\frac{2}{\epsilon}t + 1)\mathrm{P}[\,|\Delta X| > t\,]\,dt$$
$$= \frac{2}{\epsilon^2}\mathrm{E}[\,|\Delta X|^2\,] + \frac{2}{\epsilon}\mathrm{E}[\,|\Delta X|\,]$$
$$\leqq \frac{2}{\epsilon^2}\mathrm{V}[\,X\,] + \frac{2}{\epsilon}\sqrt{\mathrm{V}[\,X\,]}$$

によって有限である（収束する）ことがわかり，似た変形によって (3.7) の右辺 2 項目の (3.4) への寄与は，劣加法性 (2.25) と独立性と仮定 (3.3) とチェビシェフの不等式 ((2.4) で $q=2$) と (3.6) のうちの $\alpha > \frac{3}{4}$ から

$$\sum_{N=1}^{\infty} \mathrm{P}[\exists k_1 \neq k_2 \in \{1,\ldots,N\};\ |\Delta X_{k_j}^{(N)}| > N^{\alpha},\ j=1,2]$$
$$\leqq \sum_{N=1}^{\infty} {}_N\mathrm{C}_2 \mathrm{P}[\,|\Delta X| > N^{\alpha}\,]^2 \leqq \frac{\mathrm{V}[X]^2}{2} \sum_{N=1}^{\infty} \frac{1}{N^{4\alpha-2}} < \infty$$

によって有限である．

(3.7) の右辺 3 項目の (3.4) への寄与を評価するために，まず，

$$\mathrm{E}[\,\Delta X_k^{(N)} \mathbf{1}_{|\Delta X_k^{(N)}| \leqq N^{\alpha}}\,] + \mathrm{E}[\,\Delta X_k^{(N)} \mathbf{1}_{|\Delta X_k^{(N)}| > N^{\alpha}}\,] = \mathrm{E}[\,\Delta X_k^{(N)}\,] = 0$$

と (1.17) から

$$|\mathrm{E}[\,\Delta X_k^{(N)} \mathbf{1}_{|\Delta X_k^{(N)}| \leqq N^{\alpha}}\,]| \leqq \mathrm{E}[\,|\Delta X_k^{(N)}|\,\mathbf{1}_{|\Delta X_k^{(N)}| > N^{\alpha}}\,]$$

を得ることに注意する．系 2.7 で $X = \Delta X_k^{(N)}$ と $a = N^\alpha$ とすると,

$$\mathrm{E}[\,|\Delta X_k^{(N)}|\, \mathbf{1}_{|\Delta X_k^{(N)}| > N^\alpha}\,]$$
$$= \int_{N^\alpha}^\infty \mathrm{P}[\,|\Delta X_k^{(N)}| \geqq t\,]\, dt - N^\alpha + N^\alpha \mathrm{P}[\,|\Delta X_k^{(N)}| > N^\alpha\,]$$

なので，この右辺に仮定 (3.3) と系 2.7 を $X = \Delta X$ として用いると，さらに，

$$|\mathrm{E}[\,\Delta X_k^{(N)} \mathbf{1}_{|\Delta X_k^{(N)}| \leqq N^\alpha}\,]| \leqq \mathrm{E}[\,|\Delta X|\, \mathbf{1}_{|\Delta X| > N^\alpha}\,]$$

となる．単調収束定理 (1.14) から

$$\lim_{N\to\infty} \mathrm{E}[\,|\Delta X|\, \mathbf{1}_{|\Delta X| > N^\alpha}\,] = \mathrm{E}[\,|\Delta X| \lim_{N\to\infty} \mathbf{1}_{|\Delta X| > N^\alpha}\,] = 0$$

となることを合わせると，$N_0 = N_0(\epsilon)$ が存在して

$$|\mathrm{E}[\,\Delta X_k^{(N)} \mathbf{1}_{|\Delta X_k^{(N)}| \leqq N^\alpha}\,]| \leqq \frac{\epsilon}{4}, \quad k = 1,\ldots,N,\ N \geqq N_0$$

とできる．この先式が長くなるので一時的に

$$Y_k^{(N)} = \Delta X_k^{(N)} \mathbf{1}_{|\Delta X_k^{(N)}| \leqq N^\alpha} \tag{3.8}$$

と置くと

$$|\mathrm{E}[\,Y_k^{(N)}\,]| \leqq \frac{\epsilon}{4}, \quad k = 1,\ldots,N,\ N \geqq N_0 \tag{3.9}$$

である．絶対値の三角不等式

$$|a| > \frac{1}{2}N\epsilon,\ |b| \leqq \frac{1}{4}N\epsilon \quad \Rightarrow \quad |a - b| > \frac{1}{4}N\epsilon \tag{3.10}$$

と，(3.9) とチェビシェフの不等式 ((2.4) で $q = 4$) を順に用いると，

$$\sum_{N=N_0}^\infty \mathrm{P}\left[\left|\sum_{k=1}^N \Delta X_k^{(N)} \mathbf{1}_{|\Delta X_k^{(N)}| \leqq N^\alpha}\right| > \frac{1}{2}N\epsilon\right]$$
$$\leqq \sum_{N=N_0}^\infty \mathrm{P}\left[\left|\sum_{k=1}^N (Y_k^{(N)} - \mathrm{E}[\,Y_k^{(N)}\,])\right| > \frac{1}{4}N\epsilon\right]$$
$$\leqq \sum_{N=N_0}^\infty \left(\frac{4}{N\epsilon}\right)^4 \mathrm{E}\left[\left|\sum_{k=1}^N (Y_k^{(N)} - \mathrm{E}[\,Y_k^{(N)}\,])\right|^4\right]$$

となる．

　右辺に，$\mathrm{E}[X_k]=0, k=1,\ldots,N$ を満たす実確率変数列に対して成り立つ

$$\mathrm{E}\left[\left|\sum_{k=1}^{N}X_k\right|^4\right]\leqq a\,\mathrm{E}\left[\left(\sum_{k=1}^{N}X_k^2\right)^2\right]$$

を $X_k = Y_k^{(N)} - \mathrm{E}[Y_k^{(N)}]$ として用いる．ここで (1.29) から，$a=3$ である．ちなみに後に紹介する定理 3.6 の $p=4$ の場合を用いると少し損をして $a=64$ となるが，定数なので以下の議論ではこの違いは重要ではない．（わざわざあとで紹介する悪い評価に言及したのは本書後半のための伏線である．）

　その後，和の 2 乗を展開して期待値の線形性を用いて和と順序交換してから $Y_k^{(N)}, k=1,2,\ldots,N$ が独立なことを用いて積の期待値を期待値の積に直すと，

$$\sum_{N=N_0}^{\infty}\mathrm{P}\left[\left|\sum_{k=1}^{N}\Delta X_k^{(N)}\mathbf{1}_{|\Delta X_k^{(N)}|\leqq N^{\alpha}}\right|>\frac{1}{2}N\epsilon\right]$$
$$\leqq a\sum_{N=N_0}^{\infty}\left(\frac{4}{N\epsilon}\right)^4\sum_{k=1}^{N}\mathrm{E}[|Y_k^{(N)}-\mathrm{E}[Y_k^{(N)}]|^4]$$
$$+a\sum_{N=N_0}^{\infty}\left(\frac{4}{N\epsilon}\right)^4\sum_{(k,\ell);\,k\neq\ell}\mathrm{E}[(Y_k^{(N)}-\mathrm{E}[Y_k^{(N)}])^2]\,\mathrm{E}[(Y_\ell^{(N)}-\mathrm{E}[Y_\ell^{(N)}])^2].$$
(3.11)

右辺第 2 項の中の期待値は，今までのように展開と線形性と (3.8) と期待値の単調性と (3.2) から

$$\mathrm{E}[(Y_k^{(N)}-\mathrm{E}[Y_k^{(N)}])^2]=\mathrm{E}[(Y_k^{(N)})^2]-\mathrm{E}[Y_k^{(N)}]^2$$
$$\leqq \mathrm{E}[(\Delta X_k^{(N)})^2]\leqq \mathrm{V}[X]$$

である．右辺第 1 項の中の期待値は，三角不等式と命題 2.1 の最初の不等式を $p=4$ で用いたのちに期待値の単調性と (3.9) も用いて

$$\mathrm{E}[|Y_k^{(N)}-\mathrm{E}[Y_k^{(N)}]|^4]\leqq \mathrm{E}[(|Y_k^{(N)}|+|\mathrm{E}[Y_k^{(N)}]|)^4]$$
$$\leqq 8\mathrm{E}[(Y_k^{(N)})^4]+\frac{\epsilon^4}{32}$$

とした上で，$Y_k^{(N)}$ の定義 (3.8) から $|Y_k^{(N)}| \leqq N^\alpha$ であることを $(Y^{(N)})^4$ のうち2乗の部分に使い，残りの2乗は (3.2) を用いると

$$\mathrm{E}[\,(Y_k^{(N)} - \mathrm{E}[\,Y_k^{(N)}\,])^4\,] \leqq 8N^{2\alpha}\mathrm{V}[\,X\,] + \frac{\epsilon^4}{32}$$

を得るので，(3.6) のうち $\alpha < 1$ と (3.11) から，

$$\sum_{N=N_0}^{\infty} \mathrm{P}\left[\left|\sum_{k=1}^{N} \Delta X_k^{(N)} \mathbf{1}_{|\Delta X_k^{(N)}|\leqq N^\alpha}\right| > \frac{1}{2}N\epsilon\right]$$
$$\leqq \frac{2^{11}a}{\epsilon^4}\mathrm{V}[\,X\,]\sum_{N=N_0}^{\infty}\frac{1}{N^{3-2\alpha}} + 2^3 a\sum_{N=N_0}^{\infty}\frac{1}{N^3} + \frac{2^8 a}{\epsilon^4}\mathrm{V}[\,X\,]^2 \sum_{N=N_0}^{\infty}\frac{1}{N^2}$$
$$< \infty$$

となって，(3.4) が成り立つ． □

3.2 ヒンチンの不等式

独立実確率変数列の大数の完全法則の証明が終わったので本書前半の目標は達成したが，せっかくなので少し深入りして，「正負の打ち消し」の周辺をもう少し詳しく見るために [2, §10.3] からヒンチンの不等式とマルチンケヴィチ・ジグムンドの不等式の証明を紹介する．

ヒンチンの不等式は直接的に正負だけについての平均を，和の4乗だけでなく非整数乗まで含めて評価したものである．定理 3.1 の証明では，(1.29) のように，正負の打ち消しを元の確率変数の偏差のモーメント間の不等式に「翻訳」して使う．ヒンチンの不等式をそのように翻訳したものが 3.4 節で紹介するマルチンケヴィチ・ジグムンドの不等式である．この翻訳には偏差の分布の対称化が必要なので，3.3 節の条件付き期待値の基礎事項が必要である．

3.2 節から 3.4 節までの話と前半の主目標であった定理 1.4 の証明との関係は単純で，ヒンチンの不等式はマルチンケヴィチ・ジグムンドの不等式を証明するためだけに用い，マルチンケヴィチ・ジグムンドの不等式は独立同分布実確率変数列の大数の完全法則の 3.1 節の証明の中の (3.11) で，(3.31) で

$p=4$ とした $\mathrm{E}\left[\left(\sum_{i=1}^{n} X_i\right)^4\right] \leqq 64\mathrm{E}\left[\left(\sum_{i=1}^{n} X_i^2\right)^2\right]$ だけを用いる．既に同形で係数がむしろよい (1.29) を多項式展開で得ているので，その意味では 3.2 節と 3.4 節は無駄だが，「正負の打ち消し」が確率空間を導入する前に実数の線形空間としての性質にあることに注目する．なお，1.5 節以来宿題として残っているグリヴェンコ・カンテリの定理（の完全収束版の一般化）の証明は，3.1 節の独立実確率変数列の大数の完全法則の証明と同様に，ヒンチンの不等式を必要としないので，以下を飛ばして第 4 章まで進むことができる．

n を自然数として，n 個の実数 $x_i \in \mathbb{R}$, $i=1,2,\ldots,n$ と関数 $f\colon \mathbb{R} \to \mathbb{R}$ に対して

$$\mathrm{E}_\xi\left[f\left(\sum_{i=1}^{n} \xi_i x_i\right)\right] = \frac{1}{2^n} \sum_{\xi_1 \in \{\pm 1\}} \cdots \sum_{\xi_N \in \{\pm 1\}} f\left(\sum_{i=1}^{N} \xi_i x_i\right) \quad (3.12)$$

と書く．線形空間上の関数について，線形結合の正負を入れ換えた点たちの関数値の平均をとる操作だが，1.1 節の硬貨投げについての期待値と等しいので期待値の記号を用いた．有限列の算術平均なので（測度論の慎重になるべき）問題は何もない一方，期待値の定義を満たすので 1.1 節と第 2 章で用意した期待値や確率の基礎性質はすべて成り立つ．以下では断らずにその性質を使う．実確率変数の期待値 $\mathrm{E}[\cdot]$ は線形性を持つので，この硬貨投げの平均と演算順序を交換できる．

本書では用いないが，この硬貨投げの平均と確率は無限硬貨投げの確率測度に整合的に拡張できることがわかっていて，確率変数列 $\xi_i \in \{\pm 1\}$, $i \in \mathbb{N}$ をラーデマッヘル列と呼ぶ．本書は有限列しか使わないがラーデマッヘル列と呼ぶ．

ヒンチンの不等式の証明は非整数次数モーメントも扱うために補題 2.4 で準備したヘルダーの不等式なども用いるが，基本は偶数べきに直して (1.29) と同様に多項式展開して硬貨投げの正負について素朴に平均することで打ち消すものである．

定理 3.2 $p>0$ として，$2k \geqq p$ を満たす最小の自然数を $k=k_p$ と置き，

$$\overline{A}_p = \begin{cases} 1, & p \geqq 2, \\ 2^{(p-2)/p}, & 0 < p < 2, \end{cases} \qquad \overline{B}_p = \sqrt{k_p} \tag{3.13}$$

と置く.

このとき, 任意の自然数 n と長さ n の任意の実数列 x_i, $i = 1, \ldots, n$ に対して, (3.12) で用意した記号 ξ_i と $\mathrm{E}_\xi[\cdot]$ で,

$$\overline{A}_p^2 \sum_{i=1}^n x_i^2 \leqq \mathrm{E}_\xi\left[\left|\sum_{i=1}^n \xi_i x_i\right|^p\right]^{2/p} \leqq \overline{B}_p^2 \sum_{i=1}^n x_i^2 \tag{3.14}$$

が成り立つ. ◇

注

(i) 本書では (3.14) の左側の不等式は用いず, 右側の不等式だけをヒンチンの不等式と呼ぶ.

(ii) 大雑把に書くと, ξ_i は大数の法則に出てくる偏差 $X_i - \mathrm{E}[X_i]$ から抜き出した符号である. もう少し詳しく見ると, 偏差 $X_i - \mathrm{E}[X_i]$ の分布は対称とは限らないので, 偏差の和に直接ヒンチンの不等式を用いると打ち消しが不十分になる可能性がある. 実際, マルチンケヴィチ・ジグムンドの不等式の証明では, モーメント間の不等式に直す前に「複製による対称化」を行う. 条件付き期待値はそこで用いられる. ◇

定理 3.2 の証明 $2k_p \geqq p$ であること, 次数 p についての単調性 (1.19), 多項式の展開, ξ_i たちの定義と, 定義から直ちにわかる

$$\mathrm{E}_\xi[\xi_i^a] = \begin{cases} 1, & a\text{ が偶数}, \\ 0, & a\text{ が奇数} \end{cases} \tag{3.15}$$

を順に用いて変形すると,

$$\mathrm{E}_\xi\left[\left|\sum_{i=1}^n \xi_i x_i\right|^p\right]^{2k_p/p} \leqq \mathrm{E}_\xi\left[\left(\sum_{i=1}^n \xi_i x_i\right)^{2k_p}\right]$$

$$= \sum_{j_1=1}^n \cdots \sum_{j_{2k_p}=1}^n x_{j_1}\cdots x_{j_{2k_p}} \mathrm{E}_\xi[\xi_{j_1}\cdots \xi_{j_{2k_p}}]$$

$$= \sum_{\substack{\alpha_j \in \mathbb{Z}_+,\ j=1,\ldots,n;\\ \alpha_1+\cdots+\alpha_n=2k_p}} \frac{(2k_p)!}{\prod_{j=1}^n \alpha_j!} \prod_{j=1}^n x_j^{\alpha_j} \mathrm{E}_\xi\left[\prod_{j=1}^n \xi_j^{\alpha_j}\right]$$

$$= \sum_{\substack{\beta_j \in \mathbb{Z}_+,\ j=1,\ldots,n;\\ \beta_1+\cdots+\beta_n=k_p}} \frac{(2k_p)!}{\prod_{j=1}^n (2\beta_j)!} \prod_{j=1}^n x_j^{2\beta_j}$$

となる.右辺の和の記号の下の条件は,「β_j たちの和が k_p である n 個の非負整数の組 $(\beta_1,\ldots,\beta_n)$」である.

x_j の偶数べきだけが残ったので,次にこれを x_j^2 の和の展開の形に直す.$\beta_j \geqq 1$ のとき $2\beta_j > 2\beta_j - 1 > \cdots > \beta_j + 1 \geqq 2$ だから

$$\frac{\beta_j!}{(2\beta_j)!} = \frac{\beta_j!}{2\beta_j(2\beta_j-1)\cdots(\beta_j+1)\beta_j!} \leq 2^{-\beta_j}$$

であり,$\beta_j = 0$ のときも直接 $\dfrac{\beta_j!}{(2\beta_j)!} = \dfrac{0!}{0!} = 1 = 2^{-\beta_j}$ を得るので,

$$\prod_{j=1}^n \frac{\beta_j!}{(2\beta_j)!} \leqq 2^{-\beta_1-\cdots-\beta_n} = 2^{-k_p}$$

が常に成り立つ.そこで,条件「β_j たちの和が k_p である n 個の非負整数の組 $(\beta_1,\ldots,\beta_n)$」の下で $\dfrac{(2k_p)!}{\prod_{j=1}^n (2\beta_j)!} \dfrac{\prod_{j=1}^n \beta_j!}{k_p!}$ の最大値の $2k_p$ 乗根を B_p と置くと

$$B_p^{2k_p} \leqq 2^{-k_p} 2k_p(2k_p-1)\cdots(k_p+1) \leqq 2^{-k_p}(2k_p)^{k_p} \leqq k_p^{k_p}$$

となるので,(3.13) から $B_p \leqq \overline{B}_p$ となる.

3.2 ヒンチンの不等式

以上を用いて,最後に多項式の展開を逆にたどることで,

$$\mathrm{E}_\xi\left[\left|\sum_{i=1}^n \xi_i x_i\right|^p\right]^{2k_p/p} \leqq B_p^{2k_p} \sum_{\substack{\beta_j\in\mathbb{Z}_+,\ j=1,\ldots,n;\\ \beta_1+\cdots+\beta_n=k_p}} \frac{k_p!}{\prod_{j=1}^n \beta_j!} \prod_{j=1}^n x_j^{2\beta_j}$$

$$\leqq \overline{B}_p^{2k_p}\left(\sum_{i=1}^n x_i^2\right)^{k_p}$$

を得る.両辺の k_p 乗根をとると (3.14) の上からの評価を得る.

残りは (3.14) の下からの評価の証明である.$p\geqq 2$ ならば,次数 p についての単調性 (1.19) と 2 項展開と (3.15) を順に用いると,

$$\mathrm{E}_\xi\left[\left|\sum_{i=1}^n \xi_i x_i\right|^p\right]^{2/p} \geqq \mathrm{E}_\xi\left[\left(\sum_{i=1}^n \xi_i x_i\right)^2\right]$$

$$= \sum_{i_1=1}^n \sum_{i_2=1}^n x_{i_1} x_{i_2} \mathrm{E}_\xi[\xi_{i_1}\xi_{i_2}] = \sum_{i=1}^n x_i^2$$

となって,$\overline{A}_p=1$ で (3.14) の下からの評価を得る.

$0<p<2$ ならば,$r_1=\dfrac{4-p}{2}$,$r_2=\dfrac{4-p}{2-p}$ と置くと,ともに 1 より大で

$$\frac{1}{r_1}+\frac{1}{r_2}=1,\quad \frac{p}{r_1}+\frac{4}{r_2}=2$$

が成り立つことに注意して,今証明した $p=2$ の場合の (3.14) の下からの評価とヘルダーの不等式 (2.6) と証明済みの (3.14) の上からの評価で $p=4$ の場合から,

$$\sum_{i=1}^n x_i^2 \leqq \mathrm{E}_\xi\left[\left|\sum_{i=1}^n \xi_i x_i\right|^{p/r_1}\left|\sum_{i=1}^n \xi_i x_i\right|^{4/r_2}\right]$$

$$\leqq \mathrm{E}_\xi\left[\left|\sum_{i=1}^n \xi_i x_i\right|^p\right]^{1/r_1} \mathrm{E}_\xi\left[\left|\sum_{i=1}^n \xi_i x_i\right|^4\right]^{1/r_2}$$

$$\leqq \mathrm{E}_\xi\left[\left|\sum_{i=1}^n \xi_i x_i\right|^p\right]^{1/r_1} \overline{B}_4^{4/r_2}\left(\sum_{i=1}^n x_i^2\right)^{2/r_2}$$

なので，$k_4 = 2$ と (3.13) から $\overline{B}_4^4 = 4$ に注意すると，

$$\mathrm{E}_\xi\left[\left|\sum_{i=1}^n \xi_i x_i\right|^p\right]^{2/p} \geqq 4^{-2r_1/(r_2 p)}\left(\sum_{i=1}^n x_i^2\right)^{2r_1/p - 4r_1)(r_2 p)}$$

$$= 2^{2(p-2)/p}\sum_{i=1}^n x_i^2.$$

よって $0 < p < 2$ の場合の (3.14) の下からの評価も成り立つ． □

3.3 イェンセンの不等式と条件付き期待値

期待値については 1.2 節で基本を復習したが，3.4 節の定理 3.6 の証明に使うので，条件付き期待値の基礎事項の復習にも足を伸ばす．条件付き期待値（と命題 3.3 における条件付き期待値の場合への一般化）は定理 3.6 の証明以外では使わない．

$\mathcal{G} \subset \mathcal{F}$ を確率空間 $(\Omega, \mathcal{F}, \mathrm{P})$ の部分 σ 加法族とするとき，実確率変数 $X\colon \Omega \to \mathbb{R}$ の $\mathcal{G}$ についての条件付き期待値 $Y = \mathrm{E}[X \mid \mathcal{G}]$ とは実確率変数であって，実数のボレル集合 $G \in \mathcal{B}(\mathbb{R})$ に対して逆像が $\mathcal{G}$ に入る，すなわち，$Y^{-1}(G) \in \mathcal{G}$ が成り立つもののうち，

$$\mathrm{E}[Y\mathbf{1}_A] = \mathrm{E}[\mathrm{E}[X \mid \mathcal{G}]\mathbf{1}_A] = \mathrm{E}[X\mathbf{1}_A], \quad A \in \mathcal{G} \tag{3.16}$$

を満たすものを言う．そのような確率変数 $Y = \mathrm{E}[X \mid \mathcal{G}]$ が存在して決まることは測度論の一般論で知られている．

気持ちをざっくり言えば，「部分的に正負を打ち消して均した」確率変数である．均した範囲 $A \subset \Omega$ で期待値をとれば元の確率変数の範囲 A での期待値と等しいという気持ちが (3.16) である．期待値は全面的に均したので定数である．逆にまったく均さない極端が元の確率変数である．条件付き期待値の記号で書けば，

$$X = \mathrm{E}[X \mid \mathcal{F}], \quad \mathrm{E}[X] = \mathrm{E}[X \mid \{\emptyset, \Omega\}]$$

と書ける．（実際にこういう書き方をわざわざすることはない．）

確率変数だが元の確率変数に対して期待値に相当する変換をしただけなので，たとえば期待値の線形性 (1.13) と同様に線形性

$$\mathrm{E}\left[\sum_{i=1}^k r_i X_i \,\bigg|\, \mathcal{G}\right] = \sum_{i=1}^k r_i \mathrm{E}[\,X_i \mid \mathcal{G}\,] \tag{3.17}$$

が成り立つ．

均したものをさらに均せば，最初の段階を飛ばして一気に均したのと等しい．具体的にはたとえば

$$\mathrm{E}[\,\mathrm{E}[\,X \mid \mathcal{G}\,]\,] = \mathrm{E}[\,X\,] \tag{3.18}$$

が成り立つ．

$\mathcal{G}$ と一般的に書くと得体が知れないかもしれないが，確率変数 Y に対して

$$\sigma[Y] = \{Y^{-1}(G) \mid G \in \mathcal{B}(\mathbb{R})\} \tag{3.19}$$

と置くと，これは $\mathcal{F}$ の部分 σ 加法族なので，$\mathcal{G} = \sigma[Y]$ の場合の条件付き期待値を考えることができる．なお，$\sigma[Y]$ は Y が可測になる最小の σ 加法族であり，Y が生成する σ 加法族と呼ぶ．

$\sigma[Y]$ について条件付ける条件付き期待値を，再びざっくり説明すると，「Y を特定の値に固定して定数と思って期待値をとる」ことを意味する．特に，X, Y が独立ならば可測関数 $f\colon \mathbb{R} \to \mathbb{R}$ と $g\colon \mathbb{R} \to \mathbb{R}$ に対して

$$\mathrm{E}[\,f(X)\,g(Y) \mid \sigma[Y]\,] = g(Y)\mathrm{E}[\,f(X)\,] \tag{3.20}$$

が，両辺の期待値が存在すれば，成り立つ．Y が期待値の外に出るのが「定数と思う」の内容であり，X と Y が独立なときは Y で条件付けても条件付けなくても X についての期待値は等しいというのが右辺で条件が消えた理由である．

条件付き期待値の紹介はこの程度にして，関数の凸性に基づくイェンセンの不等式の紹介に進む．$-\infty \leqq a < b \leqq \infty$ に対して，開区間 (a,b) 上の実数値関数 $h\colon (a,b) \to \mathbb{R}$ が凸関数であるとは，$0 < \lambda < 1$ を満たすどんな λ と (a,b) 内のどの 2 点 x と y についても

$$h(\lambda x + (1-\lambda)y) \leqq \lambda h(x) + (1-\lambda)h(y) \tag{3.21}$$

が成り立つことを言う.

命題 3.3 (イェンセンの不等式) X を実確率変数とし, $-\infty \leq a < b \leq \infty$ に対して, $h\colon (a,b) \to \mathbb{R}$ を開区間 (a,b) 上の凸関数とする.

このとき, $\mathrm{P}[X \in (a,b)] = 1$, $\mathrm{E}[|X|] < \infty$, $\mathrm{E}[|h(X)|] < \infty$ ならば

$$h(\mathrm{E}[X]) \leq \mathrm{E}[h(X)] \tag{3.22}$$

が成り立つ.

期待値を条件付き期待値に置き換えても成り立ち, 特に, $p \geq 1$ と部分 σ 加法族 $\mathcal{G} \subset \mathcal{F}$ に対して

$$\mathrm{E}[|\mathrm{E}[X \mid \mathcal{G}]|^p] \leq \mathrm{E}[\mathrm{E}[|X|^p \mid \mathcal{G}]] = \mathrm{E}[|X|^p] \tag{3.23}$$

が成り立つ. ◇

注 $h(x) = |x|$ の場合は (1.17) で期待値の定義と絶対値の三角不等式から直接わかっていた. 同様に条件付き期待値の線形性を用いれば

$$|\mathrm{E}[X \mid \mathcal{G}]| \leq \mathrm{E}[|X| \mid \mathcal{G}] \tag{3.24}$$

を得る. ◇

証明 [25, §6.6] の証明を紹介する. $a < u < v < w < b$ に対して $\Delta_{u,v} = \dfrac{h(v) - h(u)}{v - u}$ と書くと, (凸の定義で $x = u, y = w, \lambda x + (1-\lambda) y = v$ と選ぶことで,) $\Delta_{u,v} \leq \Delta_{v,w}$. 同様に $\Delta_{u,w} \leq \Delta_{v,w}$ と $\Delta_{u,v} \leq \Delta_{u,w}$ も得るがこれらは $\Delta_{u,v}$ が u と v について非減少を意味する. 特に (u と v を近づけても $\Delta_{u,v}$ が発散しないことになるので) h は連続関数でなければならず, また,

$$(D_- h)(v) = \lim_{u \uparrow v} \Delta_{u,v}, \quad (D_+ h)(v) = \lim_{w \downarrow v} \Delta_{v,w}$$

が存在して, 非減少関数で $(D_- h)(v) \leq (D_+ h)(v)$. $(D_- h)(v) \leq m \leq (D_+ h)(v)$ のとき,

$$h(x) \geq m(x - v) + h(v), \quad x \in (a,b).$$

特に，$x = \mathrm{E}[X]$ に対して，
$$h(X) \geqq m(X-x) + h(x), \quad (D_-h)(x) \leqq m \leqq (D_+h)(x).$$
期待値をとると $\mathrm{E}[h(X)] \geqq h(\mathrm{E}[X])$ を得る．

$p \geqq 1$ のとき $h(x) = |x|^p$ は凸関数であり，上で用いた期待値の性質は条件付き期待値でも成り立つので，(3.23) も成り立つ． □

実数 s に対して指数関数 $h(x) = e^{sx}$ が凸関数であることは容易にわかるので，イェンセンの不等式から，任意の実確率変数 X に対して $e^{s\mathrm{E}[X]} \leqq \mathrm{E}[e^{sX}]$ が成り立つ．逆の不等式は一般には期待できないが，X の値域が有界区間ならばイェンセンの不等式から $\mathrm{E}[e^{sX}]$ を $\mathrm{E}[X]$ を用いて上から抑えることもできる．以下は本書後半で有界差異法を紹介するまで使わないが，初等的なのでこの機会に先取りする．

まず次の初等的な不等式に注意する

命題 3.4 $a \leqq x \leqq b$ および $c = b - a > 0$ のとき
$$e^{sx} \leqq \frac{b-x}{c} e^{sa} + \frac{x-a}{c} e^{sb} \leqq e^{xs + c^2s^2/8}, \quad s \in \mathbb{R} \tag{3.25}$$
が成り立つ． ◇

証明 任意の実数 s に対して $h(x) = e^{sx}$ は (3.21) を満たす．（たとえば右辺から左辺を引いたものを x の関数として 2 階微分して増減表を書けば，$0 < \lambda < 1$ を用いて，すべての実数 x について (3.21) が成り立つことがわかる．）(3.21) に $h(x) = e^{sx}$, $x = a$, $y = b$, $\lambda = \dfrac{b-x}{c} = \dfrac{b-x}{b-a}$ を代入すると，(3.25) の左側の不等式が成り立つ．

(3.25) の右側の不等式は
$$f(s) = \log\left(\frac{b-x}{c} e^{sa} + \frac{x-a}{c} e^{sb}\right) - xs \tag{3.26}$$
で $f : \mathbb{R} \to \mathbb{R}$ を定義すると，
$$e^{f(s)} \leqq e^{c^2 s^2 / 8}, \quad s \in \mathbb{R}, a \leqq x \leqq b \tag{3.27}$$

と書き直せる．微分を具体的に計算することで $f'(s) = b - x - \dfrac{c}{1 + \dfrac{x-a}{b-x} e^{sc}}$ を得て，さらに，$2\cosh x = e^x + e^{-x} \geqq 2$ も用いると，

$$f''(s) = \left(\frac{c}{2\cosh\left(\dfrac{sc}{2} + \dfrac{1}{2}\log\dfrac{x-a}{b-x}\right)} \right)^2 \leqq \frac{1}{4}(b-a)^2, \quad s \in \mathbb{R}$$

なので，$f(0) = f'(0) = 0$ にも注意して (3.27) の指数部を比べると (3.27) が成り立つことがわかる． □

今証明した命題 3.4 を次の命題 3.5 の証明で用いる際に，(3.25) の左側の不等式では $x = X$ と置いて確率変数 X の各点の値で用い，右側の不等式では $x = \mathrm{E}[X]$ と置いて期待値について用いることに注意．このため (3.25) の中央の辺の x の 1 次式が重要である．

命題 3.5（ヘフディンの補題） $b > a$ を満たす実数 a と b に対して実確率変数 X が $\mathrm{P}[a \leqq X \leqq b] = 1$ を満たせば，

$$\mathrm{E}[e^{sX}] \leqq \frac{b - \mathrm{E}[X]}{b-a} e^{sa} + \frac{\mathrm{E}[X] - a}{b-a} e^{sb} \leqq e^{s\mathrm{E}[X] + (b-a)^2 s^2/8}, \quad s \in \mathbb{R} \tag{3.28}$$

が成り立つ． ◇

証明 命題 3.4 の (3.25) の左側の不等式で $x = X$ を代入して期待値をとれば (3.28) の左側の不等式，右側の不等式で $x = \mathrm{E}[X]$ を代入すれば右側の不等式をそれぞれ得る． □

命題 3.4 の上で注意したことと合わせると，命題 3.5 の仮定を満たす確率変数 X では $e^{s\mathrm{E}[X]}$ と $\mathrm{E}[e^{sX}]$ が近いこと，すなわち，

$$e^{s\mathrm{E}[X]} \leqq \mathrm{E}[e^{sX}] \leqq e^{s\mathrm{E}[X] + (b-a)^2 s^2/8}, \quad s \in \mathbb{R} \tag{3.29}$$

を得る．

3.4 マルチンケヴィチ・ジグムンドの不等式

定理 3.6 $p \geqq 1$ とする．定理 3.2 の $\overline{A}_p$ と $\overline{B}_p$ に対して，

3.4 マルチンケヴィチ・ジグムンドの不等式

$$A_p = \frac{1}{2}\overline{A}_p, \quad B_p = 2\overline{B}_p \tag{3.30}$$

と置くと，任意の自然数 n と，$\mathrm{E}[X_i]=0, i=1,2,\ldots,n$ なる長さ n の任意の独立確率変数列 $X_i, i=1,\ldots,n$ に対して，

$$A_p^p \mathrm{E}\left[\left(\sum_{i=1}^n X_i^2\right)^{p/2}\right] \leqq \mathrm{E}\left[\left|\sum_{i=1}^n X_i\right|^p\right] \leqq B_p^p \mathrm{E}\left[\left(\sum_{i=1}^n X_i^2\right)^{p/2}\right] \tag{3.31}$$

が成り立つ． ◇

注

(i) $\mathrm{E}[X_i]=0$ の仮定から予想できるとおり，大数の完全法則の証明の際は，ここの X_i は期待値との差（偏差）を代入するので，(3.31) は偏差の和の絶対値を分散の和で評価する不等式である．

(ii) 定理 3.2 の注に書いたように，証明はヒンチンの不等式を確率変数列のモーメントの不等式に直すことと「複製による対称化」を行う．大雑把に要約すると，まず，複製とは独立で X_i と同分布な X_i' のことで，次に，X_i たちを固定する（X_i' たちについてのみ期待値をとる）条件付き期待値を $\mathrm{E}[\,\cdot\,|\,\sigma[\{X_i\}]]$ と書くとき，

$$\mathrm{E}\left[\left|\sum_i X_i\right|^p\right] = \mathrm{E}\left[\left|\mathrm{E}\left[\sum_i (X_i - X_i') \,|\, \sigma[\{X_i\}]\right]\right|^p\right] \Leftarrow \mathrm{E}[X_i']=0$$

$$\leqq \mathrm{E}\left[\left|\sum_i (X_i - X_i')\right|^p\right] \Leftarrow \text{イェンセンの不等式}$$

$$= \mathrm{E}\left[\mathrm{E}_\xi\left[\left|\sum_i \xi_i(X_i - X_i')\right|^p\right]\right] \Leftarrow \text{対称性}$$

$$\leqq C_p \mathrm{E}\left[\mathrm{E}_\xi\left[\left|\sum_i \xi_i X_i\right|^p\right]\right] \Leftarrow \begin{cases} \text{三角不等式,} \\ \text{命題 2.1, 同分布} \end{cases}$$

$$\leqq C_p' \mathrm{E}\left[\left|\sum_i X_i^2\right|^{p/2}\right] \Leftarrow \text{ヒンチンの不等式}$$

となって上からの不等式を得る． ◇

定理 3.6 の証明 $X_i, X_i', i = 1, \ldots, n$ が長さ $2n$ の独立同分布実確率変数列で，各 X_i' が X_i と同分布であり，ξ_i' たちは 3.2 節冒頭で導入したラーデマッヘル列とする．

$\mathrm{E}[\,\cdot\, | \sigma[\{\xi_i, X_i\}]]$ を，ξ_i たちと X_i たちを固定する条件付き期待値とすると，仮定 $\mathrm{E}[X_i] = 0$ と同分布性から $\mathrm{E}[X_i'] = 0$ なので，条件付き期待値の線形性 (3.17) と独立確率変数列と条件付き期待値の関係 (3.20) も用いて，

$$\mathrm{E}\left[\sum_{i=1}^n \xi_i(X_i - X_i') \,\Big|\, \sigma[\{\xi_i, X_i\}]\right]$$
$$= \sum_{i=1}^n \xi_i X_i \mathrm{E}[\,1\,|\,\sigma[\{\xi_i, X_i\}]\,] - \sum_{i=1}^n \xi_i \mathrm{E}[\,X_i'\,|\,\sigma[\{\xi_i, X_i\}]\,]$$
$$= \sum_{i=1}^n \xi_i X_i - \sum_{i=1}^n \xi_i \mathrm{E}[\,X_i'\,] = \sum_{i=1}^n \xi_i X_i$$

となる．両辺の絶対値の p 乗をとった上で（X_i たちと ξ_i たちについての）期待値をとって，（$p \geqq 1$ に注意して）イェンセンの不等式 (3.23)，絶対値の三角不等式 $|a + b| \leqq |a| + |b|$，命題 2.1，期待値の線形性 (1.13)，X_i' と X_i が同分布であることを順に用いると，

$$\mathrm{E}\left[\mathrm{E}_\xi\left[\left|\sum_{i=1}^n \xi_i X_i\right|^p\right]\right]$$
$$= \mathrm{E}\left[\mathrm{E}_\xi\left[\left|\mathrm{E}\left[\sum_{i=1}^n \xi_i(X_i - X_i')\,\Big|\,\sigma[\{\xi_i, X_i\}]\right]\right|^p\right]\right]$$
$$\leqq \mathrm{E}\left[\mathrm{E}_\xi\left[\left|\sum_{i=1}^n \xi_i(X_i - X_i')\right|^p\right]\right]$$
$$\leqq \mathrm{E}\left[\mathrm{E}_\xi\left[\left(\left|\sum_{i=1}^n \xi_i X_i\right| + \left|\sum_{i=1}^n \xi_i X_i'\right|\right)^p\right]\right]$$
$$\leqq \mathrm{E}\left[\mathrm{E}_\xi\left[2^{p-1}\left(\left|\sum_{i=1}^n \xi_i X_i\right|^p + \left|\sum_{i=1}^n \xi_i X_i'\right|^p\right)\right]\right]$$
$$= 2^p \mathrm{E}\left[\mathrm{E}_\xi\left[\left|\sum_{i=1}^n \xi_i X_i\right|^p\right]\right]. \tag{3.32}$$

3.4 マルチンケヴィチ・ジグムンドの不等式

一方，各 i ごとに X_i と X_i' は同分布なので，

$$(X_i,\ X_i',\ \xi_i) \mapsto (X_i',\ X_i,\ -\xi_i), \tag{3.33}$$

すなわち ξ_i の和の記号の符号を逆にすると同時に X_i と X_i' を入れ換えても分布は変わらない．各 i ごとに $\xi_i \geqq 0$ と $\xi_i < 0$ に場合分けして後者の場合は上記の入れ換えを行い，この入れ換えで $\xi_i(X_i - X_i')$ の値は変わらないことに注意すると，

$$\mathrm{E}\left[\mathrm{E}_\xi\left[\left|\sum_{i=1}^n \xi_i(X_i - X_i')\right|^p\right]\right]$$
$$= \mathrm{E}\left[\mathrm{E}_\xi\left[\left|\sum_{i=1}^n \xi_i(X_i - X_i')\right|^p (\mathbf{1}_{\xi_i \geqq 0} + \mathbf{1}_{\xi_i < 0})\right]\right]$$
$$= \mathrm{E}\left[\mathrm{E}_\xi\left[\left|\sum_{i=1}^n (\xi_i(X_i - X_i')\right|^p (\mathbf{1}_{\xi_i \geqq 0} + \mathbf{1}_{\xi_i > 0})\right]\right]$$
$$= \mathrm{E}\left[\mathrm{E}_\xi\left[\left|\sum_{i=1}^n (X_i - X_i')\right|^p (\mathbf{1}_{\xi_i \geqq 0} + \mathbf{1}_{\xi_i > 0})\right]\right].$$

$\xi_i \mapsto -\xi_i$ とすると，$X_i - X_i'$ は ξ_i を含まないので値が変わらないから，

$$\mathrm{E}\left[\mathrm{E}_\xi\left[\left|\sum_{i=1}^n \xi_i(X_i - X_i')\right|^p\right]\right]$$
$$= \mathrm{E}\left[\mathrm{E}_\xi\left[\left|\sum_{i=1}^n (X_i - X_i')\right|^p (\mathbf{1}_{\xi_i \geqq 0} + \mathbf{1}_{\xi_i < 0})\right]\right]$$
$$= \mathrm{E}\left[\left|\sum_{i=1}^n (X_i - X_i')\right|^p\right].$$

これを (3.32) の中央の辺に用い，定理 3.2 で $x_i = X_i$ としたものを (3.32) の左右両辺に用いると，

$$\overline{A}_p^p \mathrm{E}\left[\left(\sum_{i=1}^n X_i^2\right)^{p/2}\right] \leqq \mathrm{E}\left[\left|\sum_{i=1}^n (X_i - X_i')\right|^p\right]$$
$$\leqq 2^p \overline{B}_p^p \mathrm{E}\left[\left(\sum_{i=1}^n X_i^2\right)^{p/2}\right]. \tag{3.34}$$

最後に，証明の最初で $\xi_i X_i$ たちの和に対して行った変形を X_i たちに対して行う．まず，X_i たちを固定する条件付き期待値について，$\mathrm{E}[X_i'] = \mathrm{E}[X_i] = 0$ から先ほどと同様に

$$\mathrm{E}\left[\sum_{i=1}^n (X_i - X_i') \,\bigg|\, \sigma[\{X_i\}]\right] = \sum_{i=1}^n X_i - \sum_{i=1}^n \mathrm{E}[X_i'] = \sum_{i=1}^n X_i$$

となる．これに (3.32) と同様の変形を行う．すなわち，両辺の p 乗をとった上で期待値をとって，イェンセンの不等式 (3.23)，絶対値の三角不等式 $|a+b| \leqq |a| + |b|$，命題 2.1，期待値の線形性 (1.13)，X_i' と X_i が同分布であることを順に用いると，

$$\mathrm{E}\left[\left|\sum_{i=1}^n X_i\right|^p\right] \leqq \mathrm{E}\left[\left|\sum_{i=1}^n (X_i - X_i')\right|^p\right] \leqq 2^p \, \mathrm{E}\left[\left|\sum_{i=1}^n X_i\right|^p\right].$$

これを，(3.31) と不等号の向きが合うように個別に当てはめながら，(3.34) に用いると (3.31) が成り立つ． □

3.5 大数の強法則の初等的証明

本書前半の付録として，3.1 節の大数の完全法則の証明との比較のために，大数の強法則（定理 1.2）の [6] による初等的証明も紹介する．大きい値と小さい値に分解するところは両者の証明は似ていると言えば似ているが，仮定するモーメント条件の強弱から大数の強法則のほうが「小さい値」の寄与が消えることの証明が精密である．具体的には，N についての部分列について大数の強法則をまず証明し，(1.28) で説明したように，飛ばした項が似ていることを利用するべく，正負にわけて単調性を利用する．この最後の部分が，異なる N の間の確率変数に関係を仮定しない大数の完全法則では成り立たないので，大数の強法則の証明と大数の完全法則の証明は違う原理である．

定理 1.2 の証明 まず，大きい値の寄与が小さいことの証明は初等的である．

命題 3.7 実確率変数 Y について，$\mathrm{E}[|Y|] < \infty$ と $\displaystyle\sum_{N=1}^\infty \mathrm{P}[|Y| > N] < \infty$ は同値である．

3.5 大数の強法則の初等的証明

特に,Y_N, $N = 1, 2, \ldots$ が各々期待値を持つ確率変数 Y と同分布な実確率変数列のとき,

$$P\left[\bigcup_{N_0 \in \mathbb{N}} \bigcap_{N \geq N_0} \{|Y_N| \leq N\}\right] = 1, \tag{3.35}$$

すなわち,集合算を論理式に直すと,

$$\exists N_0;\ Y_N = Y_N \mathbf{1}_{|Y_N| \leq N},\ N \geq N_0 \tag{3.36}$$

が確率 1 で成り立つ. $\diamond$

証明 命題 2.6 の (2.7) で $X = Y$ かつ $q = 1$ としたものと積分の和による近似,そして確率が 1 以下であることから,

$$\sum_{N=1}^{\infty} P[\,|Y| > N\,]$$
$$\leq \sum_{N=1}^{\infty} \int_{N-1}^{N} P[\,|Y| \geq t\,]\,dt = \int_{0}^{\infty} P[\,|Y| \geq t\,]\,dt = E[\,|Y|\,]$$
$$\leq 2 + \sum_{N=3}^{\infty} P[\,|Y| > N-2\,] = 2 + \sum_{N'=1}^{\infty} P[\,|Y| > N'\,]$$

となって,前半が成り立つ.

Y が期待値を持つことと同分布性と前半から $\displaystyle\sum_{N=1}^{\infty} P[\,|Y_N| > N\,] < \infty$ である.これとボレル・カンテリの定理 I (定理 2.12) で $A_N = \{|Y_N| > N\}$ とすることで

$$P\left[\bigcap_{N_0 \in \mathbb{N}} \bigcup_{N \geq N_0} \{|Y_N| > N\}\right] = 0.$$

補集合を考えることで (3.35) を得る. $\square$

残りは小さい値からの寄与の評価である.まず部分列の大数の強法則を証明する.部分列が満たしてほしい条件は以下の性質にまとまる.

補題 3.8 $\alpha > 1$ を任意に固定する．各自然数 n に対して a_n を α^n を越えない最大の整数とすると，(2.2) の上で定義した $\vee$ を用いて，

$$\sum_{n=1}^{\infty} \frac{(a_n - N + 1) \vee 0}{a_n^2} \leq \frac{C}{N}, \quad N = 1, 2, \ldots \tag{3.37}$$

を満たす N によらない定数 $C > 0$ が存在する． $\diamond$

証明 $N = 1$ または $N = 2$ ならば，a_n が非減少で 1 以上なことに注意すると

$$\sum_{n=1}^{\infty} \frac{(a_n - N + 1) \vee 0}{a_n^2} \leq \sum_{n=1}^{\infty} \frac{1}{a_n} \leq \frac{\log 2}{\log \alpha} + \sum_{n;\, \alpha^n \geq 2} 2\alpha^{-n}$$

なので (3.37) が $C = 2\dfrac{\log 2}{\log \alpha} + 2\dfrac{2\alpha}{\alpha - 1}$ で成り立つ．$N \geq 3$ ならば，

$$\sum_{n=1}^{\infty} \frac{(a_n - N + 1) \vee 0}{a_n^2} \leq \sum_{n \geq \log_\alpha(N-1)} \frac{\alpha^n - N + 1}{(\alpha^n - 1)^2}$$

$$\leq \sum_{n \geq \log_\alpha(N-1)} \frac{\alpha^n - N + 1}{(\alpha^n - 2)\alpha^n}$$

$$\leq \sum_{n \geq \log_\alpha(N-1)} \frac{1}{\alpha^n}$$

$$\leq \frac{\alpha}{\alpha - 1} \frac{1}{N - 1} \leq \frac{2\alpha}{\alpha - 1} \frac{1}{N}$$

なので $N = 1, 2$ の場合と合わせて，(3.37) が $C = \dfrac{2\log 2}{\log \alpha} + \dfrac{4\alpha}{\alpha - 1}$ で成り立つ． $\square$

部分列の大数の強法則そのものは完全収束型でも成り立つが，記号の簡単のため最初から強法則型（ランダムウォーク型）で書く．

定理 3.9 $X_k, k = 1, 2, \ldots$ が独立同分布確率変数列で，各々の X_k は期待値 $\mathrm{E}[X]$ が存在する（$\mathrm{E}[|X|] < \infty$ を満たす）確率変数 X と同分布とする．非減少自然数値数列 $\{a_n\}$ が (3.37) を満たす k によらない定数 $C > 0$ を持つとき，和

$$\overline{S}_N = \sum_{k=1}^{N} X_k \mathbf{1}_{|X_k| \leq k}$$

の部分列の大数の強法則

$$\lim_{n\to\infty} \frac{1}{a_n}\overline{S}_{a_n} = \mathrm{E}[\,X\,], \ a.e. \tag{3.38}$$

が成り立つ. $\diamondsuit$

証明 最初に,

$$\lim_{n\to\infty} \left(\frac{1}{a_n}\overline{S}_{a_n} - \frac{1}{a_n}\mathrm{E}[\,\overline{S}_{a_n}\,]\right) = 0, \ a.e. \tag{3.39}$$

を示す. 命題 2.15 から,

$$I := \sum_{n=1}^{\infty} \mathrm{V}\left[\,\frac{1}{a_n}\overline{S}_{a_n}\,\right] = \sum_{n=1}^{\infty} \mathrm{E}\left[\left(\frac{1}{a_n}\overline{S}_{a_n} - \frac{1}{a_n}\mathrm{E}[\,\overline{S}_{a_n}\,]\right)^2\right] < \infty \tag{3.40}$$

を示せば (3.39) を得る.

独立な確率変数列の分散の加法性 (1.23), 同分布性, $\mathrm{V}[\,Z\,] \leqq \mathrm{E}[\,Z^2\,]$, $q=2$ のときの (2.7), 単調性 (非負値性), (3.37), $q=1$ のときの (2.7) を順に用いると,

$$\begin{aligned}
I &= \sum_{n=1}^{\infty} \frac{1}{a_n^2} \sum_{k=1}^{a_n} \mathrm{V}[\,X_k\,\mathbf{1}_{|X_k|\leqq k}\,] \\
&= \sum_{k=1}^{\infty} \sum_{n;\,a_n\geq k} \frac{1}{a_n^2} \mathrm{V}[\,X\,\mathbf{1}_{|X|\leqq k}\,] \\
&\leqq \sum_{k=1}^{\infty} \sum_{n;\,a_n\geq k} \frac{1}{a_n^2} \mathrm{E}[\,X^2\,\mathbf{1}_{|X|\leqq k}\,] \\
&= 2\sum_{k=1}^{\infty} \sum_{n;\,a_n\geq k} \frac{1}{a_n^2} \int_0^{\infty} t\,\mathrm{P}[\,|X|\,\mathbf{1}_{|X|\leqq k} \geqq t\,]\,dt \\
&= 2\sum_{N=1}^{\infty} \sum_{k=N}^{\infty} \sum_{n;\,a_n\geq k} \frac{1}{a_n^2} \int_{N-1}^{N} t\,\mathrm{P}[\,k \geqq |X| \geqq t\,]\,dt
\end{aligned}$$

$$\leq 2 \sum_{N=1}^{\infty} \int_{N-1}^{N} t\mathrm{P}[\,|X| \geq t\,]\, dt \sum_{n=1}^{\infty} \frac{1}{a_n^2} \sum_{N \leq k \leq a_n} 1$$

$$\leq 2C \sum_{N=1}^{\infty} \int_{N-1}^{N} \frac{t}{N} \mathrm{P}[\,|X| \geq t\,]\, dt$$

$$\leq 2C \sum_{N=1}^{\infty} \int_{N-1}^{N} \mathrm{P}[\,|X| \geq t\,]\, dt$$

$$= 2C \int_{0}^{\infty} \mathrm{P}[\,|X| \geq t\,]\, dt = 2C \mathrm{E}[\,|X|\,] < \infty.$$

よって冒頭の注意のとおり，命題 2.15 から (3.39) を得る．

次に，

$$\lim_{n \to \infty} \frac{1}{a_n} \mathrm{E}[\,\overline{S}_{a_n}\,] = \mathrm{E}[\,X\,] \tag{3.41}$$

を示す．単調収束定理 (1.14)，基礎解析，同分布，期待値の線形性を順に用いると，

$$\mathrm{E}[\,X\,] = \lim_{n \to \infty} \mathrm{E}[\,X\,\mathbf{1}_{|X| \leq n}\,] = \lim_{n \to \infty} \frac{1}{a_n} \sum_{k=1}^{a_n} \mathrm{E}[\,X\,\mathbf{1}_{|X| \leq k}\,]$$

$$= \lim_{n \to \infty} \frac{1}{a_n} \sum_{k=1}^{a_n} \mathrm{E}[\,X_k\,\mathbf{1}_{|X_k| \leq k}\,] = \lim_{n \to \infty} \frac{1}{a_n} \mathrm{E}[\,\overline{S}_{a_n}\,].$$

よって (3.41) が成り立つ．(3.39) と (3.41) から (3.38) を得る． □

補題 3.10 X_k, $k = 1, 2, \ldots$ が独立同分布確率変数で，各 X_k は期待値 $\mathrm{E}[\,X\,]$ が存在する（$\mathrm{E}[\,|X|\,] < \infty$ を満たす）確率変数 X と同分布とすると，確率変数列 $X_k \mathbf{1}_{|X_k| \leq k}$, $k = 1, 2, \ldots$ について大数の強法則

$$\lim_{N \to \infty} \frac{1}{N} \sum_{k=1}^{N} X_k \mathbf{1}_{|X_k| \leq k} = \mathrm{E}[\,X\,], \ a.e. \tag{3.42}$$

が成り立つ． ◇

証明 複号同順で $X_{\pm} = \dfrac{1}{2}(|X| \pm X)$，および，$X_{k,\pm} = \dfrac{1}{2}(|X_k| \pm X_k)$ と置くと，それぞれ非負で各 $X_{k,\pm}$ は $X_{\pm}$ と同分布であり，$X_k = X_{k,+} - X_{k,-}$

3.5 大数の強法則の初等的証明

である.
$$\overline{S}_{N,\pm} = \sum_{k=1}^{N} X_{k,\pm} \mathbf{1}_{|X_k| \leqq k}$$

と置き,$\alpha > 1$ と自然数 n に対して a_n を α^n を越えない最大の整数とすると,$a_n \leqq N < a_{n+1}$ なる N と n について非負性から

$$\frac{a_n}{N} \frac{\overline{S}_{a_n,\pm}}{a_n} \leqq \frac{\overline{S}_{N,\pm}}{N} \leqq \frac{a_{n+1}}{N} \frac{\overline{S}_{a_{n+1},\pm}}{a_{n+1}}.$$

(3.38) において X_k を $X_{k,\pm}$ に置き換えると,補題 3.8 と定理 3.9 から

$$\frac{1}{\alpha} \mathrm{E}[X_\pm] \leqq \varliminf_{N\to\infty} \frac{\overline{S}_{N,\pm}}{N} \leqq \varlimsup_{N\to\infty} \frac{\overline{S}_{N,\pm}}{N} \leqq \alpha \mathrm{E}[X_\pm].$$

$\alpha > 1$ は任意にとれるから $\lim_{N\to\infty} \dfrac{\overline{S}_{N,\pm}}{N} = \mathrm{E}[X_\pm]$. よって (3.42) が成り立つ. □

命題 3.7 の (3.36) と補題 3.10 を合わせると,定理 1.2 が成り立つ. □

第4章
セミノルム付き線形空間の少しマニアックな入門

　独立同分布実確率変数列の大数の完全法則の紹介をひととおり終えたので，一般化を考える．種々の方向が考えられるが，算術平均が線形演算であることに注目して線形空間に値をとる関数列への一般化を模索する．大数の法則が扱う算術平均は和と実数倍を用いて定義されるので，線形結合の係数は実数の集合 $\mathbb{R}$ からとる．収束を考えるのでセミノルムが定義された線形空間とする．たとえば (2.12) の離散位相で収束を定義すれば一般に大数の法則が成り立たないことはすぐわかるので，線形結合と相性のあるセミノルムで考えるのは自然に見える．（ノルムとするのが普通だが，本書では極限である期待値が先にわかっている場合だけを扱うのでセミノルムで十分である．ただ，通常そうするように同値類で考えればノルムになるので，セミノルムとしていることは特段の一般化を狙っているのでもない．）

　（実数値の場合の）大数の完全法則の正負の打ち消し効果は，偏差の和のべき乗を非負項の和で評価する 1.4 節の (1.29) に全面的にこめられている．一般の線形空間では要素どうしの積は定義されないので，べき乗はセミノルムのべき乗とすべきである．本章で復習することを先取りすると，内積に基づくセミノルムならばセミノルムの 2 乗が内積に等しいので内積の双線形性を用いて和のノルムの 2 乗を展開して計算できるが，内積に由来しないノルムがあることも周知なので，一般には (1.29) の証明のような展開による証明が成立しない．

　そこで，実確率変数列の場合に (1.29) の代替であった 3.4 節の (3.31) に注目する．実確率変数列の場合には (3.31) はヒンチンの不等式 (3.14) から無条

件で得た.そして,ヒンチンの不等式は大数の法則が扱う確率空間と無関係に,実数の列の正負の打ち消し効果として得た.そこでいったん確率空間や確率変数を忘れて,まずヒンチンの不等式を線形空間に一般化することを考える.

4.1 節で線形空間と(セミ)ノルムを簡単に復習し,ヒンチンの不等式の一般化は 4.2 節で扱う.

4.1 セミノルム付き線形空間

集合 V が線形空間であるとは,和とスカラー積について閉じている(すべての V の要素に対して演算が定義されていて,その結果が必ず V の要素である)集合で,和 $(+)$ について可換群をなすこと,すなわち,可換性 $x+y=y+x$ と結合法則 $(x+y)+z=x+(y+z)$ と零元 $0+x=x$ と逆元 $x+(-x)=0$ が存在すること,および,スカラー積について $1\in\mathbb{R}$ の自明な作用 $1x=x$ と分配法則と乗法の整合性,すなわち $a,b\in\mathbb{R}$ と $x,y\in V$ に対して $(a+b)x=ax+bx$, $a(x+y)=ax+ay, a(bx)=(ab)x$ が成り立つことを言う.

たとえば k を自然数とするとき,k 個の実数の組 $x=\begin{pmatrix}x_1\\\vdots\\x_k\end{pmatrix}$ を集めた集合 $\mathbb{R}^k$ は,成分ごとの和を和とし,$a\in\mathbb{R}$ に対して全成分をそれぞれ a 倍することをスカラー積とすることで線形空間になる.これを数ベクトル空間と呼び,その要素を数ベクトルとも呼ぶ.

線形空間の距離の重要な例に,ノルムに基づく距離がある.ノルムとは,線形空間 V 上の非負実数値関数 $\|\cdot\|:V\to\mathbb{R}_+$ であって,すべての $x,y\in V$ と $a\in\mathbb{R}$ に対して

(i) $\|x\|=0 \Leftrightarrow x=0$,

(ii) $\|ax\|=|a|\,\|x\|$,

(iii) $\|x+y\|\leqq\|x\|+\|y\|$

の 3 条件を満たすものを言う.最後の条件を(次の,ノルムに基づく距離の

4.1 セミノルム付き線形空間

三角不等式を意味するので）三角不等式と呼ぶ．ノルムに基づいて

$$d(x,y) = \|x-y\| \tag{4.1}$$

で定義される 2 変数関数 $d\colon V \times V \to \mathbb{R}_+$ が距離であることは 2.2 節の定義に戻ればわかる．1 つの集合に複数の距離を考えられることは 2.2 節で言及したが，ノルムは線形演算との関係が定義されているので (4.1) は線形演算と相性のよい距離である．

2.2 節で紹介した擬距離と同様に，ノルムの定義の最初の性質のうち条件 $\|x\| = 0 \Rightarrow x = 0$ を除く残りの条件

$$\begin{aligned}&\text{(i)} \quad \|x\| \geqq 0,\ x \in V, \\ &\text{(ii)} \quad \|a\,x\| = |a|\,\|x\|,\ x \in V,\ a \in \mathbb{R}, \\ &\text{(iii)} \quad \|x+y\| \leqq \|x\| + \|y\|,\ x,y \in V\end{aligned} \tag{4.2}$$

を満たす実数値関数をセミノルムと言う．((ii) と線形空間の定義から $\|0\| = 0$ は成り立つ．）$\|\cdot\|$ がセミノルムのとき (4.1) で定義される d は擬距離である．

（セミ）ノルムは実数の絶対値と多くの性質を共有する．たとえば (4.2) の (iii) で $x = x' + y'$ と $y = -y'$ を代入して (ii) を $a = -1$ と $x = y'$ として用いると $\|x'\| \leqq \|x' + y'\| + \|y'\|$ を得るので，(iii) と合わせると $|\|x+y\| - \|x\|| \leqq \|y\|$ を得る．これにたとえば $a, b, c \in V$ に対して $x = c + a$ と $y = b - a$ を代入すると，さらに

$$|\|c+b\| - \|c+a\|| \leqq \|b-a\|,\quad a,b,c \in V \tag{4.3}$$

を得る．

ノルムの定義や (4.3) などの不等式は極限の公式を導く．簡単な例では 0 に収束する実数列 $a_k, k \in \mathbb{N}$ と $v \in V$ に対して，ノルムの定義の $\|a_k v\| = |a_k|\,\|v\|$ に注意すると，

$$\lim_{n \to \infty} \|a_k v\| = 0 \tag{4.4}$$

が成り立つ．また，V の列 $v_k, k \in \mathbb{N}$ と $w \in V$ に対して (4.3) で $a = 0$, $b = v_k$, $c = w$ として実数列の収束に関する挟み撃ちの原理を用いると

$$\lim_{k \to \infty} \|v_k\| = 0 \ \Rightarrow\ \lim_{k \to \infty} \|v_k + w\| = \|w\| \tag{4.5}$$

を得る．

4.2 ヒンチンの不等式の一般化（性質 $K_{r,q}$ と $K'_{U,r,q}$）

線形空間の紹介としてはマニアックの極みかもしれないが，実数の場合に 3.2 節の (3.14) で紹介したヒンチンの不等式の一般のセミノルム付き線形空間における類推を考える．$(V, \|\cdot\|)$ をセミノルム付き線形空間とし，3.2 節で導入したラーデマッヘル列の記号を用いて，実数の場合の (3.12) と同様に，$v_k \in V$, $k = 1, 2, \ldots$ と関数 $f: V \to \mathbb{R}$ に対して

$$\mathrm{E}_\xi\left[f\left(\sum_{k=1}^N \xi_k v_k\right) \right] = \frac{1}{2^N} \sum_{\xi_1 \in \{\pm 1\}} \cdots \sum_{\xi_N \in \{\pm 1\}} f\left(\sum_{k=1}^N \xi_k v_k\right) \tag{4.6}$$

と書く．

ある 1 以上の実数の組 $r, q \geqq 1$ について次の (4.7) が成り立つような，N や列 $\{v_i\}$ によらない，正定数 C がとれることをセミノルム付き線形空間 $(V, \|\cdot\|)$ が性質 $K_{r,q}$ を持つと名付ける：

$$\mathrm{E}_\xi\left[\left\| \sum_{i=1}^N \xi_i v_i \right\|^q \right]^{1/q} \leqq C \left(\sum_{i=1}^N \|v_i\|^r \right)^{1/r}, \quad v_i \in V, \ i = 1, \ldots, N, \ N \in \mathbb{N}. \tag{4.7}$$

3.2 節の定理 3.2 に紹介した，（実数の場合の）ヒンチンの不等式 (3.14) の上からの評価は，(4.7) を実数の集合 $(V, \|\cdot\|) = (\mathbb{R}, |\cdot|)$ に適用して，

$$N = n, \ v_i = x_i, \ q = p, \ C = \overline{B}_p, \ r = 2$$

と置いたものになっているので，(4.7) はヒンチンの不等式の一般化である．なお，(4.7) は $r, q > 0$ で定義できるが，正負の打ち消しの意味を持つのは $r > 1$ の場合である．不等式の強さと使い方からは q が大きいほど役立ちやすいが，4.5 節の定理 4.9 で証明するように，ある $q \geqq 1$ でヒンチンの不等式の一般化が成り立てば任意の $q \geqq 1$ で成り立つ．

3.1 節で紹介した実数値の大数の完全法則の証明を，ヒンチンの不等式 (3.14) から得られるマルチンケヴィチ・ジグムンドの不等式 (3.31) の一般化に基づ

4.2 ヒンチンの不等式の一般化（性質 $K_{r,q}$ と $K'_{U,r,q}$）

いて，4.3 節で言及する有限次元線形空間を含めて V が種々の初等的な線形空間の場合について V 値の大数の完全法則に一般化することを考える．不等式 (4.7) はこの目的のために十分なヒンチンの不等式の一般化だが，級数 (3.11) が収束すれば大数の完全法則の証明に十分であるという観点からは，(4.7) は緩める余地がある．たとえば，

$$(\forall \epsilon > 0) \ \exists C = C_\epsilon > 0;$$
$$\mathrm{E}_\xi \left[\left\| \sum_{i=1}^N \xi_i v_i \right\|^q \right] \leq \epsilon^q + C^q \left(\sum_{i=1}^N \|v_i\|^r \right)^{q/r}, \tag{4.8}$$
$$v_i \in V, \ i = 1, \ldots, N, \ N \in \mathbb{N}$$

という条件まで緩められることは難しくない．

グリヴェンコ・カンテリの定理を定理 1.6 や定理 1.7 のように実数値の大数の強法則や完全法則に対比したときに実数の集合に対応するのは 5.2 節で紹介する有界変動関数の線形空間だが，そこで成り立つヒンチンの不等式の一般化については，もう一段醜く条件を緩める必要があるように見える．

r と q を 1 以上の定数とし，セミノルム付き線形空間 $(V, \|\cdot\|)$ とその非負係数和で閉じる部分集合 $U \subset V$ であって V のすべての要素が U の要素の差で書けるもの，すなわち，

$$V = \{u_1 - u_2 \mid u_i \in U, \ i = 1, 2\}$$
$$\text{かつ} \quad \{x_1 u_1 + x_2 u_2 \mid u_i \in U, \ x_i \in \mathbb{R}_+, \ i = 1, 2\} \subset U \tag{4.9}$$

が成り立つものが与えられているとする．

(4.9) を満たす $U \neq V$ なる V と U の例として，V が 4.3 節で復習する有限次元線形空間の場合に，その基底 $e_1, \ldots, e_k$ を何か選んで固定するとき，その基底の非負係数線形結合で書けるベクトルすべてを集めた集合がある．このとき，任意の $v \in V$ について，基底の線形結合で $v = \sum_{i=1}^n x_i e_i$ と一意的に書けるので，$u_1 = \sum_{i: \ x_i \geq 0} x_i e_i$ および $u_2 = \sum_{i: \ x_i < 0} (-x_i) e_i$ と置けば $u_j \in U$, $j = 1$, 2 および $v = u_1 - u_2$ を得るので (4.9) が成り立つ．

任意の $\epsilon > 0$ と $\epsilon' > 0$ に対して $C = C_{\epsilon,\epsilon'} > 0$ が存在して

$$\mathrm{E}_\xi \left[\left\| \sum_{i=1}^N \xi_i(u_i - m_i) \right\|^q \right]$$
$$\leqq \epsilon^q + C^q \left(1 + \sum_{i=1}^N \|u_i + m_i\| \right)^{q\epsilon'} \left(\sum_{i=1}^N \|u_i - m_i\|^r \right)^{q/r},$$
$$u_i, m_i \in U, \ i = 1, \ldots, N, \ N \in \mathbb{N} \tag{4.10}$$

が成り立つことを，$K_{r,q}$ にならって，$(V, \|\cdot\|)$ が性質 $K'_{U,r,q}$ を持つと言うことにする．

U は線形空間である必要はないので，(4.10) は (4.8) よりも弱い条件となり得る．$U = V$ ととれるときは，$v_i = u_i$ および $m_i = 0$ と選ぶことによって (4.10) から (4.8) を得る．（逆に (4.8) が成り立っていれば $v_i = u_i - m_i$ と置けば，(4.10) を ϵ' によらない C で得るので，$U = V$ のときは両者は同値である．）$U = V$ に加えて (4.8) において C が N と $\{v_i\}$ だけでなく ϵ と ϵ' にもよらないようにとれるときは $\epsilon = \epsilon' = 0$ と置くことができて (4.7) と同値である．以上の意味で $K_{r,q}$ は $K'_{U,r,q}$ の特別な場合である．

(2.1) と (1.19) の指数（次数）についての単調性から，(4.7) や (4.10) は大きい r で成り立てば小さい r でも成り立ち，大きい q で成り立てば小さい q でも成り立つ．

命題 4.1 ある $r, q \geqq 1$ に対して $K'_{U,r,q}$ すなわち (4.10) が成り立ち，$r \geqq r' \geqq 1$ ならば，(4.10) で（同じ q に対して）$r = r'$ とした $K'_{U,r',q}$ も成り立つ．特に (4.7) についても同様である．

同様に，ある $r, q \geqq 1$ に対して $K'_{U,r,q}$ が成り立ち，$q \geqq q' \geqq 1$ ならば (4.10) で（同じ r に対して）$q = q'$ とした $K'_{U,r,q'}$ も成り立つ．特に (4.7) についても同様である． ◇

証明 $r \geqq r' > 0$ なので (2.1) から (4.10) や (4.7) の右辺において，

$$\left(\sum_{i=1}^N \|v_i\|^r \right)^{1/r} \leqq \left(\sum_{i=1}^N \|v_i\|^{r'} \right)^{1/r'}$$

なので (4.10) や (4.7) で $r = r'$ としても（同じ C で）成り立つ．

後半は，$q \geqq q' \geqq 1 > 0$ なので命題 2.5 の $\mathrm{E}[|X|^p]^{1/p}$ の次数についての単調性 (1.19) から，

$$\mathrm{E}_\xi \left[\left\| \sum_{i=1}^N \xi_i v_i \right\|^{q'} \right] \leqq \mathrm{E}_\xi \left[\left\| \sum_{i=1}^N \xi_i v_i \right\|^q \right]^{q'/q}$$

なので，$K'_{U,r,q}$ を適用した後に $q' \leqq q$ に注意して命題 2.1 を $p = \dfrac{q}{q'} \geqq 1$ として用いると

$$\mathrm{E}_\xi \left[\left\| \sum_{i=1}^N \xi_i (u_i - m_i) \right\|^{q'} \right]$$

$$\leqq \left(\epsilon^q + C^q \left(1 + \sum_{i=1}^N \|u_i + m_i\| \right)^{q\epsilon'} \left(\sum_{i=1}^N \|u_i - m_i\|^r \right)^{q/r} \right)^{q'/q}$$

$$\leqq \epsilon^{q'} + C^{q'} \left(1 + \sum_{i=1}^N \|u_i + m_i\| \right)^{q'\epsilon'} \left(\sum_{i=1}^N \|u_i - m_i\|^r \right)^{q'/r}$$

となって，(4.10) や (4.7) で $q = q'$ としても（同じ C で）成り立つ． □

$K_{r,q}$ や $K'_{U,r,q}$ が成り立つか否かは線形空間ごとに確かめる必要があるが，ひとまず正負の打ち消しという素朴な描像を実数の集合から線形空間に一般化した．いったんヒンチンの不等式から立ち去って，今度は有限次元線形空間に寄り道してマニアックな線形空間入門を続ける．

4.3　有限次元線形空間のノルム

線形空間 V において，ある自然数 k について，1 次独立な長さ k の V の要素の列 $e_1, \ldots, e_k$ が存在するけれどもどの長さ $k+1$ の列も 1 次従属のとき，V の次元 $\dim V$ が k に等しいという．ここで，V の要素の列 $e_1, \ldots, e_k$ が 1 次独立とは $x = \begin{pmatrix} x_1 \\ \vdots \\ x_k \end{pmatrix} \in \mathbb{R}^k$ に対して $f(x) = \sum_{i=1}^k x_i e_i \in V$ を対応さ

せる写像 $f\colon \mathbb{R}^k \to V$ が単射（言い換えると，$f(x) = 0$ ならば $x = 0$）であることを言い，1次従属とは1次独立でないことを言う．（言うまでもなく，線形空間における1次独立と確率変数列についての独立はまったくの別の概念である．）またいくらでも大きな長さの1次独立な列がとれるとき V は無限次元と言い，無限次元でない線形空間は有限次元線形空間という．便宜的に $\dim\{0\} = 0$ と置く．有限次元線形空間 V が $\{0\}$ と異なれば $\dim V \geqq 1$ である．

線形空間 V の n 個の要素の列 $e_1, \ldots, e_n$ が V を生成するとは，今書いたばかりの写像 $f\colon \mathbb{R}^k \to V$ が全射であること（$V = \left\{\sum_{i=1}^{n} x_i e_i \,\middle|\, x_i \in \mathbb{R},\ i = 1, \ldots, n\right\}$）を言い，基底であるとは f が全単射であること（言い換えると，V の任意の要素が e_i たちの線形結合で一意的に表されること）を言う．このときこの逆の対応

$$\pi = \begin{pmatrix} \pi_1 \\ \vdots \\ \pi_k \end{pmatrix} \colon V \to \mathbb{R}^k; \quad \sum_{i=1}^{k} \pi_i(v) e_i = v \qquad (4.11)$$

を座標表示，各 $\pi_i(v)$ を v の座標の第 i 成分と呼ぶ．特に，

$$\pi_j(e_i) = \begin{cases} 1, & i = j, \\ 0, & i \neq j \end{cases} \qquad (4.12)$$

である．次元の定義から，(i) $e_1, \ldots, e_k$ は1次独立，(ii) $e_1, \ldots, e_k$ は V を生成，(iii) $k = \dim V$ のうちどれか2つが成り立てば $e_1, \ldots, e_k$ が基底であり，基底であれば3つとも成り立つ．

数ベクトル空間 $V = \mathbb{R}^k$ において，どれかの成分を1残りを0とする数ベクトルが k 種類ある．この k 個の組は基底であり，標準の基底と呼ぶ．（もちろん $\dim \mathbb{R}^k = k$ である．）

1つの集合に複数の距離が考えられるようにノルムも1種類ではない．V を k 次元線形空間とし，その基底 $e_1, \ldots, e_k$ を1つ固定して，この基底に基づく座標を (4.11) のように書くとき，$v \in V$ に対して，

4.3 有限次元線形空間のノルム

$$\|v\|_2 = \sqrt{\pi_1(v)^2 + \cdots + \pi_k(v)^2} \tag{4.13}$$

で定義される非負実数値関数 $\|\cdot\|_2 : V \to \mathbb{R}_+$ がノルムであることは定義 (4.2) を確かめればわかる．（$V = \mathbb{R}^k$ で e_i たちが標準の基底のときは通常のユークリッド距離を表す）．ほかにも，

$$\|v\|_1 = |\pi_1(v)| + \cdots + |\pi_k(v)| \tag{4.14}$$

や

$$\|v\|_\infty = \max\{|\pi_1(v)|, \ldots, |\pi_k(v)|\} \tag{4.15}$$

で定義される関数 $\|\cdot\|_1$ や $\|\cdot\|_\infty$ も V のノルムであることは定義からわかる．

ノルムが違えばノルムに基づく距離 (4.1) が違うのでそれに応じて収束の定義があるが，さいわいなことに，有限次元線形空間ではすべてのノルムが同値である（特に，収束の定義は同じになる）ことが次の命題 4.2 からわかる．

$f : V \to W$ が線形空間 V から W への線形写像とは，V の任意の要素の任意の線形結合に対して $f(a_1 v_1 + \cdots + a_n v_n) = a_1 f(v_1) + \cdots + a_n f(v_n)$ が成り立つことを言う．座標表示すなわち (4.11) で定義される写像 $\pi : V \to \mathbb{R}^k$ と $\pi^{-1}(x) = \sum_{i=1}^{k} x_i e_i$ で定義される逆写像 $\pi^{-1} : \mathbb{R}^k \to V$ が全単射な線形写像であることは基底の定義と性質からわかる．

命題 4.2 V を有限次元線形空間とするとき，任意のノルム $\|\cdot\|$ について正定数 C_1 と C_2 がとれて，

$$C_1 \|v\|_\infty \leqq \|v\| \leqq C_2 \|v\|_\infty, \quad v \in V \tag{4.16}$$

が成り立つ．（このことを $\|\cdot\|$ と $\|\cdot\|_\infty$ は同値であると言う．） ◇

証明 $\dim V = k$ と置く．右側の不等式（$C_2 > 0$ の存在）は容易で，ノルムの性質 (4.2) を駆使することで $v \in V$ に対して

$$\|v\| = \|\pi_1(v) e_1 + \cdots + \pi_k(v) e_k\| \leqq \sum_{i=1}^{k} |\pi_i(v)| \|e_i\| \leqq \|v\|_\infty \sum_{i=1}^{k} \|e_i\| \tag{4.17}$$

なので, $C_2 = \sum_{i=1}^{k} \|e_i\|$ と（v に無関係な有限値を）選ぶことができる.

もう一方の不等式 ($C_1 > 0$) は, 背理法と有界数列の収束部分列の存在を用いる方法と, $\mathbb{R}^k$ の有界閉集合上の連続関数の最大値の存在を用いる方法が標準的なようである. 後者の方法を採用する.

まず, 数ベクトル $x = \begin{pmatrix} x_1 \\ \vdots \\ x_k \end{pmatrix} \in \mathbb{R}^k$ に対して, 対応する V の要素 $\pi^{-1}(x) = \sum_{i=1}^{k} x_i e_i$ の (4.15) によるノルムを

$$\|x\|_\infty = \|\pi^{-1}(x)\|_\infty = \max\{|x_1|, \ldots, |x_k|\} \tag{4.18}$$

と置くと, $\|\cdot\|_\infty$ は定義 (4.2) から $\mathbb{R}^k$ のノルムになる（$\mathbb{R}^k$ の, 標準の基底に基づく一様評価のノルム）. ノルムの性質 (4.3) で $c = 0$ としたものと (4.17) と π^{-1} が線形写像であることと (4.18) から

$$\left|\|\pi^{-1}(x)\| - \|\pi^{-1}(y)\|\right| \leqq \|\pi^{-1}(x) - \pi^{-1}(y)\|$$
$$\leqq C_2 \|\pi^{-1}(x) - \pi^{-1}(y)\|_\infty$$
$$= C_2 \|\pi^{-1}(x-y)\|_\infty = C_2 \|x-y\|_\infty$$

なので, $f(x) = \|\pi^{-1}(x)\|$ によって定義された実 k 変数実数値関数 $f: \mathbb{R}^k \to \mathbb{R}$ は $\mathbb{R}^k$ の一様評価のノルム (4.18) について連続関数である. 最大値の原理から, 有界閉集合 $\{x \in \mathbb{R}^k \mid \|x\|_\infty = 1\}$（1 辺 2 の k 次元立方体の表面）で f は最小値 C_1 をとる. すなわち, $f(y) = C_1$ と $\|y\|_\infty = 1$ を満たす $y \in \mathbb{R}^k$ があって, $\|\pi^{-1}(x)\| \geqq C_1$ が, $\|x\|_\infty = 1$ を満たすすべての $x \in \mathbb{R}^k$ に対して成り立つ. $\|y\|_\infty = 1$ なので $y \neq 0$ だから π の全単射線形性によって $\pi^{-1}(y) \neq 0$ であり, ノルムの定義 (4.2) から $C_1 = f(y) = \|\pi^{-1}(y)\| > 0$ である. ノルムの定義からさらに, $x \in \mathbb{R}^k$ が $x \neq 0$ のとき $\|x\|_\infty \neq 0$ なので

$$\left\|\frac{1}{\|x\|_\infty} x\right\|_\infty = \frac{1}{\|x\|_\infty} \|x\|_\infty = 1$$

だから
$$\frac{1}{\|x\|_\infty}\|\pi^{-1}(x)\| = \left\|\pi^{-1}\left(\frac{1}{\|x\|_\infty}x\right)\right\| \geqq C_1$$
が 0 以外のすべての $x \in \mathbb{R}^k$ に対して成り立つが，分母を払った $\|\pi^{-1}(x)\| \geqq C_1\|x\|_\infty$ は $x=0$ でも成り立つので，$v \in V$ に対して $x = \pi(v)$ にこれと (4.18) を用いると，(4.16) の左側の不等式を満たす $C_1 > 0$ の存在を得る．□

2.2 節の (2.11) で開集合を定義した際に開球 $B_r(x)$ の定義は (2.10) であった．$\mathbb{R}^k$ では断らなければ，ノルムは標準の基底における (4.13) を採用し，距離 d は (4.1) によってノルムで定義する．命題 4.2 のおかげで (4.13) の代わりに，たとえば (4.15) を採用してもどの集合を開集合と呼ぶかは変わらない（同じ位相を定義する）．(4.15) を採用した場合，位相空間として球と呼ぶものは日常用語（？）では k 次元立方体である．

本章の冒頭で，独立実数値確率変数列の和における正負の打ち消しを表す (1.29) の証明が和の 2 乗の展開に基づいていることと，その証明の一般化が通用するのは内積に基づくノルムの場合であることに言及した．そこで内積についても復習しておく．

線形空間 V の 2 変数実数値関数 $(\cdot,\cdot)\colon V \times V \to \mathbb{R}$ が内積とは，各変数について線形で，2 変数について対称で，$(v,v) \geqq 0$ および $(v,v) = 0 \Leftrightarrow v = 0$ を満たすことを言う．特にこのとき対応 $v \mapsto \|v\| := \sqrt{(v,v)}$ がノルムになることは次のコーシー・シュワルツの不等式 (4.19) を利用すればわかる．内積の双線形性と対称性から，たとえば $v,w \in V$ と $t \in \mathbb{R}$ に対して

$$\|v+tw\|^2 = (v+tw, v+tw) = (v,v) + 2t(v,w) + t^2(w,w)$$
$$= \|v\|^2 + 2t(v,w) + t^2\|w\|^2$$

のように展開計算ができる．さらにこの式の左辺が t によらず非負なことから右辺において t の 2 次方程式の判別式を用いることでコーシー・シュワルツの不等式

$$|(v,w)| \leqq \|v\|\|w\| \tag{4.19}$$

を得る．

有限次元線形空間 V は内積がある.実際,$\dim V = k$ および $e_1, \ldots, e_k$ を V の基底として,対応する (4.11) の座標系 $\pi: V \to \mathbb{R}^k$ をもとに,

$$(v, w) := \sum_{i=1}^{k} \pi_i(v) \pi_i(w), \quad v, w \in V \tag{4.20}$$

で $(\cdot, \cdot)$ を定義するとこれが内積になることは定義からわかる.このとき $\|v\| = \sqrt{(v,v)} = \|v\|_2$,すなわち対応するノルムは (4.13) のノルムである.したがって特に有限次元線形空間では内積の双線形性に基づく展開計算によって一般化したヒンチンの不等式が(さらに,命題 4.2 によってすべてのノルムが同値なので,ノルムの選び方にもよらず)実数の集合と同じ水準 ($r = 2$) で成り立つ.4.4 節でこのことを確認する.

内積 (4.20) に話を戻すと,(4.12) から

$$(e_i, e_j) = \begin{cases} 1, & i = j, \\ 0, & i \neq j \end{cases} \tag{4.21}$$

が成り立つので,さらに

$$\pi_i(v) = (v, e_i), \quad i = 1, \ldots, k \tag{4.22}$$

を得る.つまり,(4.20) の内積は,与えられた基底が正規直交基底((4.21) を満たす基底)になる内積である.

1つの線形空間に無数の内積が定義可能である.たとえば,2 次元数ベクトル空間 $V = \mathbb{R}^2$ において,4.3 節の冒頭で用意した標準の基底に基づく (4.20) の内積は $v = \begin{pmatrix} v_1 \\ v_2 \end{pmatrix} \in \mathbb{R}^2$ と $w = \begin{pmatrix} w_1 \\ w_2 \end{pmatrix} \in \mathbb{R}^2$ に対して $(v, w) = v_1 w_1 + v_2 w_2$ であり,対応する (4.13) のノルムは $\|v\|_2 = v_1^2 + v_2^2$ であるが,

$$\|v\| = \sqrt{v_1^2 + (v_2 - v_1)^2}, \ v = \begin{pmatrix} v_1 \\ v_2 \end{pmatrix} \in \mathbb{R}^2 \tag{4.23}$$

で定義される $\|\cdot\|: \mathbb{R}^2 \to \mathbb{R}_+$ もノルムである.

$$(v, w) = 2 v_1 w_1 + v_2 w_2 - v_1 w_2 - v_2 w_1 \tag{4.24}$$

で $(\cdot,\cdot)\colon \mathbb{R}^2 \times \mathbb{R}^2 \to \mathbb{R}$ を定義すると，これが内積であることは定義からわかり，(4.23) がこの内積に基づくノルムであることも計算すればわかる．

先に内積が与えられたときにその内積の下で (4.21) が成り立つ基底の存在を与えるグラム・シュミットの方法（岩澤分解）は周知だが，この学習上の順番は，たとえばユークリッド幾何へのベクトルの応用のように，座標によらない空間の性質を調べることと整合する．他方，2 つの空間の直積や複数の項目からなるデータのように，座標が先に決まっていてノルムなどの線形空間としての性質を利用することもある．そのような場合にはどのノルムでも同値というだけでは不十分で，たとえば与えられた座標で書いたときに (4.13) か (4.23) かで違いが生じうる．

違いの例として座標成分についての単調性を紹介する．(4.13) も (4.14) も (4.15) も成分に関する単調性

$$|\pi_i(v)| \leq |\pi_i(v')|,\ i=1,2,\ldots,k, \quad \Rightarrow \quad \|v\| \leq \|v'\| \tag{4.25}$$

を満たすが，(4.23) の例は (4.25) を満たさない．（たとえば $\|(0,2)\| = 2 > \sqrt{2} = \|(1,2)\|$ が反例になる．）有限次元線形空間のノルムの座標成分に関する単調性 (4.25) を特徴付けるわかりやすい判定方法を [22] から紹介する．

命題 4.3 k を自然数とするとき，$\mathbb{R}^k$ のノルム $\|\cdot\|$ について，成分についての単調性 (4.25) が成り立つことと，ノルムが成分の絶対値で決まること，すなわち，$x, y \in \mathbb{R}^k$ のとき

$$|x_i| = |x'_i|,\ i=1,2,\ldots,k, \quad \Rightarrow \quad \|x\| = \|x'\| \tag{4.26}$$

が成り立つことが同値である． $\diamond$

証明 (4.25) の下で，もし (4.26) の左辺（前提）が成り立つと，$\|x\| \leq \|x'\|$ かつ $\|x'\| \leq \|x\|$ が成り立って $\|x\| = \|x'\|$ を得る．

逆に (4.26) の下で，(4.25) の前提が成り立つと，まず

$$\left\|\begin{pmatrix} 0 \\ x_2 \\ \vdots \\ x_k \end{pmatrix}\right\| = \frac{1}{2}\left\|\begin{pmatrix} x_1' \\ x_2 \\ \vdots \\ x_k \end{pmatrix} + \begin{pmatrix} -x_1' \\ x_2 \\ \vdots \\ x_k \end{pmatrix}\right\|$$

$$\leqq \frac{1}{2}\left\|\begin{pmatrix} x_1' \\ x_2 \\ \vdots \\ x_k \end{pmatrix}\right\| + \frac{1}{2}\left\|\begin{pmatrix} -x_1' \\ x_2 \\ \vdots \\ x_k \end{pmatrix}\right\| = \left\|\begin{pmatrix} x_1' \\ x_2 \\ \vdots \\ x_k \end{pmatrix}\right\|. \quad (4.27)$$

次に，$\lambda = \dfrac{|x_1|}{|x_1'|}$ と置くと，(4.25) の前提から $\lambda \leqq 1$ で，最後に (4.27) を用いると，

$$\left\|\begin{pmatrix} x_1 \\ x_2 \\ \vdots \\ x_k \end{pmatrix}\right\| = \left\|\lambda \begin{pmatrix} x_1' \\ x_2 \\ \vdots \\ x_k \end{pmatrix} + (1-\lambda)\begin{pmatrix} 0 \\ x_2 \\ \vdots \\ x_k \end{pmatrix}\right\|$$

$$\leqq \lambda \left\|\begin{pmatrix} x_1' \\ x_2 \\ \vdots \\ x_k \end{pmatrix}\right\| + (1-\lambda)\left\|\begin{pmatrix} 0 \\ x_2 \\ \vdots \\ x_k \end{pmatrix}\right\| \leqq \left\|\begin{pmatrix} x_1' \\ x_2 \\ \vdots \\ x_k \end{pmatrix}\right\|$$

となり，座標成分に関して帰納的に (4.25) が成り立つ． □

命題 4.3 の例として，(W, d_W) と (V, d_V) を 2.2 節で定義した距離空間とするとき，直積集合

$$W \times V = \{(w, v) \mid w \in W,\ v \in V\}$$

の 2 点 $(w_1, v_1), (w_2, v_2) \in W \times V$ に対して，

$$d_{W \times V}((w_1, v_1), (w_2, v_2)) = \left\|\begin{pmatrix} d_W(w_1, w_2) \\ d_V(v_1, v_2) \end{pmatrix}\right\| \quad (4.28)$$

で定義される非負実数値関数が距離になるための $\mathbb{R}^2$ のノルム $\|\cdot\|$ の十分条件を考える．

命題 4.4 ノルムが (4.26) を満たせば，(4.28) で定義される $d_{W\times V}\colon (W\times V)^2\to\mathbb{R}_+$ は $W\times V$ の距離である． $\diamondsuit$

証明 2.2 節の距離の定義を順に確かめる．三角不等式以外は距離とノルムの定義を (4.28) の右辺に用いれば得られる． $i=1,2,3$ について $(w_i,v_i)\in W\times V$ とすると，d_W と d_V の三角不等式から，

$$d_W(w_1,w_2) \leqq d_W(w_1,w_3)+d_W(w_3,w_2),$$
$$d_V(v_1,v_2) \leqq d_V(v_1,v_3)+d_V(v_3,v_2)$$

なので，仮定と命題 4.3 から従う成分に関する単調性 (4.25) を用いた後に，ノルムの三角不等式を用いると

$$\begin{aligned}d_{W\times V}((w_1,v_1),(w_2,v_2)) &\leqq \left\|\begin{pmatrix}d_W(w_1,w_3)+d_W(w_3,w_2)\\ d_V(v_1,v_3)+d_V(v_3,v_2)\end{pmatrix}\right\|\\ &\leqq \left\|\begin{pmatrix}d_W(w_1,w_3)\\ d_V(v_1,v_3)\end{pmatrix}\right\|+\left\|\begin{pmatrix}d_W(w_3,w_2)\\ d_V(v_3 v_2)\end{pmatrix}\right\|\end{aligned}$$

となって，$d_{W\times V}$ の三角不等式を得る． $\square$

たとえば $\mathbb{R}^2$ のノルムとして (4.15) を選ぶと，命題 4.4 から，距離空間 (W,d_W) と (V,d_V) に対して，

$$d_{W\times V}((w_1,v_1),(w_2,v_2)) = d_W(w_1,w_2)\vee d_V(v_1,v_2),$$
$$(w_1,v_1),(w_2,v_2)\in W\times V \qquad (4.29)$$

は直積空間 $W\times V=\{(w,v)\mid w\in w,\ v\in V\}$ の距離である．この距離では (2.10) の開球は，W の開球 $B_{W,r}$ と V の開球 $B_{V,r}$ を用いて

$$\begin{aligned}B_r(w,v) &= \{(w',v')\in W\times V\mid d_W(w,w')<r,\ d_V(v,v')<r\}\\ &= B_r(w)\times B_r(v)\end{aligned} \qquad (4.30)$$

とそれぞれの空間の開球の直積である．（なお，いまは有限次元線形空間の節の中だが，命題 4.4 の W と V は有限次元線形空間でなくてよく，(4.29) は任意の距離空間 W と V に対して $W \times V$ の距離になる．）

本書では一意性を直接には扱わないのでノルムでなくてもセミノルムで足りることも多いが，有限次元線形空間の場合のノルムの同値性という有用な性質はセミノルムでは一般には成り立たない．しかし，セミノルムは部分線形空間のノルムになることが以下でわかる．ここで，$W \subset V$ を満たす集合 V と W がともに線形空間のとき W を V の部分（線形）空間と呼ぶ．

k 次元線形空間 V の k' 次元部分空間 W が与えられたとき，まず W の基底 e_1, $\ldots, e_{k'}$ をとると，1 次独立性の定義から，この基底を拡大して（$e_{k'+1}, \ldots, e_k$ を追加して）$e_1, \ldots, e_k$ が V の基底になるようにできる．この基底に対する (4.20) と (4.13) の内積とノルムを考え，

$$W^\perp = \left\{ \sum_{i=k'+1}^{k} v_i e_i \,\middle|\, v_i \in \mathbb{R},\ i = k'+1, \ldots, k \right\} \tag{4.31}$$

と置いて（V における）W の直交補空間と呼ぶ．基底が 1 次独立であることと線形空間を生成することから，直交補空間は

$$W \cap W^\perp = \{0\}, \quad V = \{w + w' \mid w \in W,\ w' \in W^\perp\} \tag{4.32}$$

を満たす．これからさらに，各 $v \in V$ に対して，

$$v = w + w', \quad w \in W,\ w' \in W^\perp \tag{4.33}$$

を満たす w と w' がそれぞれ 1 とおりに決まる．

V から W への正射影 $\pi_W : V \to W$ を

$$\pi_W(v) = \sum_{i=1}^{k'} (v, e_i)\, e_i, \quad v \in V \tag{4.34}$$

で定義する．π_W は線形写像で (4.22) から

$$v - \pi_W(v) = \sum_{i=k'+1}^{k} (v, e_i)\, e_i \in W^\perp \tag{4.35}$$

を得る．

命題 4.5 k を自然数，V を k 次元線形空間，$\|\cdot\|$ を V のセミノルムとする．このとき，ある自然数 $k' \leqq k$ と k' 次元部分空間 $W \subset V$ があって，W 上では $\|\cdot\|$ はノルムで，$\|v\| = \|\pi_W(v)\|, v \in V$ が成り立つ． ◇

証明 セミノルムの性質 (4.2) から $N = \{v \in V \mid \|v\| = 0\}$ は V の線形部分空間なので，$k' = k - \dim N$ と置くと k' は k 以下の非負整数であり，N の基底 $e_i, i = 1, \ldots, k'$ をとることができる．

$W = N^\perp$ は線形部分空間であり，(4.32) から $v \in W$ が $\|v\| = 0$ を満たせば $v = 0$ である．ノルムのその他の性質はセミノルムと共有し，部分空間でも成り立つから，$\|\cdot\|$ は W のノルムである．さらに，(4.35) と $W^\perp = N$ と三角不等式から $v \in V$ に対して

$$\|\pi_W(v)\| = \|\pi_W(v)\| - \|v - \pi_W(v)\|$$
$$\leqq \|v\| \leqq \|\pi_W(v)\| + \|v - \pi_W(v)\| = \|\pi_W(v)\|$$

となって $\|v\| = \|\pi_W(v)\|$ が成り立つ． □

有限次元線形空間の定義と基礎性質の（ややマニアックかもしれない）速成コースの途中だが，有限次元とは限らない一般の線形空間について本章の冒頭で言及したことを最後に差し挟む．命題 4.2 で見たとおり有限次元線形空間のノルムは同値だが，無限次元線形空間では一般にはノルムは同値ではない．すると，内積に基づかないノルムならば内積の双線形性による展開計算による証明に持ち込めないので，たとえばヒンチンの不等式の一般化はノルムが内積に基づくか否かで証明の難易が変わりうる．このことに関連して，ノルムが内積に由来するためのフォンノイマンの条件を紹介する．

命題 4.6 ノルム付き線形空間 $(V, \|\cdot\|)$ において，ある内積 $(\cdot, \cdot): V \times V \to \mathbb{R}$ によってノルムが

$$\|v\| = \sqrt{(v,v)}, \quad v \in V \tag{4.36}$$

と書けることと，「中線定理」

$$\|v\|^2 + \|w\|^2 = 2\left\|\frac{v+w}{2}\right\|^2 + 2\left\|\frac{v-w}{2}\right\|^2, \quad v, w \in V \tag{4.37}$$

が成り立つことが同値である.　　　　　　　　　　　　　　　　　　◇

証明　(4.36) が成り立てば, (4.37) の各項を内積で書いて展開することで (4.37) が成り立つことがわかるので，以下逆に (4.37) が成り立つときに

$$\iota(v,w) = \frac{1}{4}(\|v+w\|^2 - \|v-w\|^2) \tag{4.38}$$

によって定義される $\iota\colon V \times V \to \mathbb{R}$ が内積であることを証明する．定義から $((v,w) = \iota(v,w)$ と書くことで) (4.36) はもちろん成り立つ．対称性は

$$\|v-w\| = |-1|\,\|w-v\| = \|w-v\|$$

によって成り立つので,

$$q(v,w,u) := 4(\iota(v+w,u) - \iota(v,u) - \iota(w,u)), \quad v,w,u \in V$$

と置くとき，左加法性 $q(v,w,u) = 0$ および左斉次性

$$\iota(kv,w) = k\iota(v,w), \quad v,w \in V,\ k \geqq 0$$

を言えばよい.

　左加法性は，$q(v,w,u)$ の定義をノルム 6 項で書いた各項を 2 で割って 12 項にして符号の揃った項どうしの（唯一の自然な）組み換えの後に各組に (4.37) を用い，ノルムの定義から得る $\|-a\| = |-1|\,\|a\| = \|a\|$ と q の定義から $q(-a,-b,-c) = q(a,b,c)$ であることも最後に使うと,

$$\begin{aligned}
q(v,w,u) = &\left\|\frac{2v+w}{2}\right\|^2 + \left\|\frac{v+w-2u}{2}\right\|^2 + \left\|\frac{v+2w}{2}\right\|^2 \\
&+ \left\|\frac{w+2u}{2}\right\|^2 + \left\|\frac{v-w}{2}\right\|^2 + \left\|\frac{v+2u}{2}\right\|^2 \\
&- \left\|\frac{2v+w}{2}\right\|^2 - \left\|\frac{v+w+2u}{2}\right\|^2 - \left\|\frac{v+2w}{2}\right\|^2 \\
&- \left\|\frac{w-2u}{2}\right\|^2 - \left\|\frac{v-w}{2}\right\|^2 - \left\|\frac{v-2u}{2}\right\|^2
\end{aligned}$$

$$= \left\|\frac{v+w-2u}{2}\right\|^2 + \left\|\frac{v+2u}{2}\right\|^2 + \left\|\frac{w+2u}{2}\right\|^2$$
$$- \left\|\frac{v+w+2u}{2}\right\|^2 - \left\|\frac{v-2u}{2}\right\|^2 - \left\|\frac{w-2u}{2}\right\|^2$$
$$= q\left(\frac{1}{2}v, \frac{1}{2}w, -u\right) = q\left(-\frac{1}{2}v, -\frac{1}{2}w, u\right)$$

を得て，帰納的に
$$q(v, w, u) = q\left(\left(-\frac{1}{2}\right)^n v, \left(-\frac{1}{2}\right)^n w, u\right), \quad n \in \mathbb{Z}_+$$

なので，(4.4) と (4.5) から
$$q(v, w, u) = \lim_{n \to \infty} q\left(\left(-\frac{1}{2}\right)^n v, \left(-\frac{1}{2}\right)^n w, u\right) = 0$$

となって，ι の左加法性を得る．

左斉次性は，$\|-a\| = \|a\|$ から $\iota(-v, w) = -\iota(v, w)$ を得て，加法性と帰納法によって $\iota(nv, w) = n\iota(v, w)$ がすべての整数 n に対して成り立つので，有理数 $q = \dfrac{m}{n}$ に対して $n\iota(qv, w) = \iota(mv, w) = m\iota(v, w) = nq\iota(v, w)$ となるから，任意の実数 $r \in \mathbb{R}$ に対して有理数の稠密性によって r に収束する有理数列 $\{q_n\}$ を選んで (4.4) と (4.5) も用いると，

$$\iota(rv, w) = \lim_{n \to \infty} \iota(q_n v, w) = \lim_{n \to \infty} q_n \iota(v, w) = r\,\iota(v, w).$$

よって左斉次性を得る． □

内積由来のノルムが与えられたとき，(4.38) によって対応する内積が計算できる．たとえば (4.24) は (4.23) からそのようにして求められる．

ノルムが内積に基づく線形空間 $(V, \|\cdot\|)$ において，命題 4.6 の中線定理 (4.37) が成り立つ．$\|v\| = \|w\| = 1$ のときにこの等式を

$$\left\|\frac{v+w}{2}\right\|^2 = 1 - \frac{1}{4}\|v-w\|^2 \tag{4.39}$$

と書くと，「単位円周上の 2 点 v と w が距離 $\epsilon > 0$ 以上離れていれば，中点 $\dfrac{v+w}{2}$ は円周から一様に（配置に関係なく）$1 - \left\|\dfrac{v+w}{2}\right\| \geqq \dfrac{1}{4}\epsilon^2$ だけ離れて

円の内部にある，」と読める．その方向に (4.39) を一般化した不等式を一様凸性と呼ぶ．他方 (4.37) を

$$\frac{1}{2}\|v_1+v_2\|^2 + \frac{1}{2}\|v_1-v_2\|^2 = \|v_1\|^2 + \|v_2\|^2 \tag{4.40}$$

と書き直して，v_2 に $v_2 \pm v_3$ を代入して得られる 2 式の平均をとって，左辺に (4.40) を適用すると

$$\frac{1}{4}(\|v_1+v_2+v_3\|^2 + \|v_1+v_2-v_3\|^2 \\ + \|v_1-v_2+v_3\|^2 + \|v_1-v_2-v_3\|^2) = \sum_{i=1}^{3}\|v_i\|^2$$

を得る．帰納的に，

$$\mathrm{E}_\xi\left[\left\|\sum_{i=1}^{N}\xi_i v_i\right\|^2\right] = \sum_{i=1}^{N}\|v_i\|^2 \tag{4.41}$$

を得るが，(4.7) と見比べると，性質 $K_{2,2}$ は不等式であることと N について一様な定数倍を許す意味で，(4.41) の一般化である．こうしてセミノルム付き線形空間に一般化したヒンチンの不等式 $K_{r,q}$ は (4.37) の一般化というルーツを一様凸性と共有する．（ちなみに，以上は内積に由来するノルム付きの線形空間が性質 $K_{2,2}$ を持つことの直接証明である．後述の 4.5 節の定理 4.9 から，このとき任意の $q \geqq 1$ に対して $K_{2,q}$ が成り立つ．）

さらに，L^1 ノルムと一様評価のノルムでは一様凸性が成り立たない（「球面が多面体的である」）ことが知られていて，ヒンチンの不等式の一般化においてもこれらの空間で $K_{r,q}$ が $r > 1$ で成り立たないことを 5.3 節と 5.5 節で示す．もっとも，$K'_{U,r,q}$ は一様評価のノルム付きの $BV(\mathbb{R})$ で成り立つことも 5.3 節で証明するので，ルーツが同じでも一般化の範囲が必ず同一ということではないかもしれない．

4.4 有限次元線形空間は性質 $K_{2,q}$ を持つ

一般化したヒンチンの不等式 $K_{r,q}$ が成り立つ例として，セミノルム付き k 次元線形空間 $(V, \|\cdot\|)$ は，$r = 2$ と任意の $q \geqq 1$ に対して性質 $K_{2,q}$ を持つこ

4.4 有限次元線形空間は性質 $K_{2,q}$ を持つ

とを証明する．あらすじは，セミノルムを部分空間のノルムで表したのち，ノルムの同値性によってユークリッドノルムで書いて内積を用いて成分ごとに実数列のヒンチンの不等式に帰着するという，これまでの寄り道の応用である．

まず，命題 4.5 から，ある自然数 $k' \leqq k$ と k' 次元部分空間 $W \subset V$ があって，$\|\cdot\|$ は W 上のノルムであって，$\|v\| = \|\pi_W(v)\|$, $v \in V$ が成り立つ．W の基底を任意に選んで $e_1, \ldots, e_{k'}$ とし，これに 1 次独立な要素を帰納的に追加して得る V の基底を $e_1, \ldots, e_k$ と置く．また，W における (4.13) のユークリッドノルムを $\|w\|_2$, $w \in W$ と置く．

次に，命題 4.2 から，((4.16) を複数回使うことで) 正数 C_1 と C_2 が存在して，すべての $w \in W$ に対して

$$C_1 \|w\|_2 \leqq \|w\| \leqq C_2 \|w\|_2 \tag{4.42}$$

が成り立つ．

$v_i \in V$, $i = 1, \ldots, N$, $N \in \mathbb{N}$ をとる．(4.42) と (4.13) と命題 2.1 を順に使うと，(k' と q にはよるかもしれないが N や ξ_i たちや v_i たちにはよらない) 正数 $C_{k',q}$ が存在して

$$\begin{aligned}
\mathrm{E}_\xi \left[\left\| \sum_{i=1}^N \xi_i v_i \right\|^q \right]^{1/q} &= \mathrm{E}_\xi \left[\left\| \sum_{i=1}^N \xi_i \pi_W(v_i) \right\|^q \right]^{1/q} \\
&\leqq C_2 \mathrm{E}_\xi \left[\left\| \sum_{i=1}^N \xi_i \pi_W(v_i) \right\|_2^q \right]^{1/q} \\
&= C_2 \mathrm{E}_\xi \left[\left(\sum_{j=1}^{k'} \left(\sum_{i=1}^N \xi_i \pi_j(v_i) \right)^2 \right)^{q/2} \right]^{1/q} \\
&\leqq C_2 C_{k',q} \mathrm{E}_\xi \left[\left(\sum_{j=1}^{k'} \left| \sum_{i=1}^N \xi_i \pi_j(v_i) \right|^q \right) \right]^{1/q} \\
&= C_2 C_{k',q} \left(\sum_{j=1}^{k'} \mathrm{E}_\xi \left[\left| \sum_{i=1}^N \xi_i \pi_j(v_i) \right|^q \right] \right)^{1/q}
\end{aligned}$$

が成り立つ．なお，$q \leqq 2$ ならば (2.1) によって $C_{k',q} = 1$ である．ここで，定理 3.2 の (3.14)（実数列のヒンチンの不等式）を $x_i = \pi_j(v_i)$, $n = N$, $p = q$ として用いると，(3.13) の $\overline{B}_p$ を用いて，

$$\mathrm{E}_\xi \left[\left\| \sum_{i=1}^N \xi_i v_i \right\|^q \right]^{1/q} \leqq C_2 C_{k',q} \overline{B}_q \left(\sum_{j=1}^{k'} \left(\sum_{i=1}^N \pi_j(v_i)^2 \right)^{q/2} \right)^{1/q}$$

を得る．

$q \geqq 2$ ならば (2.1)，$q < 2$ ならば命題 2.1 を用いて（$C_{k',q} = 1$ となるのが先ほどと逆になるので，合わせて改めて定数を $C_{k',q}$ と置き直して），$\|\cdot\|_2$ の定義 (4.13) と (4.42) と $\|v\| = \|\pi_W(v)\|$ を使うと，

$$\mathrm{E}_\xi \left[\left\| \sum_{i=1}^N \xi_i v_i \right\|^q \right]^{1/q} \leqq C_2 C_{k',q} \overline{B}_q \left(\sum_{j=1}^{k'} \sum_{i=1}^N \pi_j(v_i)^2 \right)^{1/2}$$

$$= C_2 C_{k',q} \overline{B}_q \left(\sum_{i=1}^N \|\pi_W(v_i)\|_2^2 \right)^{1/2}$$

$$\leqq C_1^{-1} C_2 C_{k',q} \overline{B}_q \left(\sum_{i=1}^N \|\pi_W(v_i)\|^2 \right)^{1/2}$$

$$= C_1^{-1} C_2 2 C_{k',q} \overline{B}_q \left(\sum_{i=1}^N \|v_i\|^2 \right)^{1/2}$$

よって，(4.7) で $r = 2$ とした性質 $K_{2,q}$ が，任意の $q \geqq 1$ に対して $C = C_1^{-1} C_2 C_{k',q} \overline{B}_q$ として成り立つ． □

4.5　有界差異法による $K'_{U,r,q}$ の $q = 1$ への帰着

有限次元線形空間の話は終えて一般の線形空間に戻り，4.2 節の一般化ヒンチンの不等式の一般論を続ける．命題 4.1 で見たとおり，(4.7) や (4.10) の左辺は $K_{r,q}$ や $K'_{U,r,q}$ は q が小さいほど成り立ちやすい．裏返すと，一般には大きな q で成り立つほど役立つ．次数についての単調性 (1.19) は，大雑把には，次数が大きいほど平均をとる対象の大きな値が強調されるからなので，

一般には逆向きの一様な不等式は期待できない．しかし，(4.7) や (4.10) のラーデマッヘル列についての平均のように，偏差が有界で独立な和について平均をとる場合には，中心極限定理の描像どおり，平均から大きく離れた値をとる可能性は急速に減るため，次数の大きいモーメントも平均のべきで評価できる．有界差異法 (method of bounded differences, MOBD) は，このような集中不等式に属する評価を与える．

一般に極限定理を不等式評価に利用しようとすると，「誤差項」の処理に困ることがあるが，集中不等式は「極限形が評価を与える」ので，そのような状況で役立つ．

次の定理は（有限次元に限らず）任意のセミノルム付き線形空間 $(V, \|\cdot\|)$ に対して成り立つ．（なお，ここでは，以下が線形空間の性質であることを明示するために，ラーデマッヘル列に限定したが，証明の考え方である有限差異法は，$\{\xi_i v_i\}$ の代わりに一般の確率空間上の独立確率変数列 $\{X_i\}$ に対して成り立ち，また，和のノルムの代わりに名前どおり $i = 1, \ldots, n$ について

$$\sup_{\vec{x},\, x'_i} |\phi_n(x_1, \ldots, x_i, \ldots, x_n) - \phi_n(x_1, \ldots, x'_i, \ldots, x_n)| \leqq c_i$$

を満たす関数 ϕ_n に対して用いることのできる方法である．）

定理 4.7（ラーデマッヘル列に対する有界差異法） $(V, \|\cdot\|)$ をセミノルム付き線形空間，N を自然数とし，$v_i \in V$, $i = 1, \ldots, N$ とすると，$t \geqq 0$ について

$$P_\xi\left[\left\|\sum_{j=1}^N \xi_j v_j\right\| - E_\xi\left[\left\|\sum_{j=1}^N \xi_j v_j\right\|\right] \geq t\right] \leqq e^{-t^2/(2\sum_{j=1}^N \|v_j\|^2)}$$

および

$$P_\xi\left[\left\|\sum_{j=1}^N \xi_j v_j\right\| - E_\xi\left[\left\|\sum_{j=1}^N \xi_j v_j\right\|\right] \leq -t\right] \leqq e^{-t^2/(2\sum_{j=1}^N \|v_j\|^2)}$$

が成り立つ．ここで，P_ξ はラーデマッヘル列に対する確率，すなわち，ラーデマッヘル列についての命題 A に対して，(3.12) の算術平均を用いて $P_\xi[A] = E_\xi[\mathbf{1}_A]$．言い換えると命題が成り立つ ξ の割合を表す． ◇

証明 $\xi = (\xi_1, \ldots, \xi_N)$ の関数 f に対して ξ_i についてのみ平均をとる操作を

$$\begin{aligned}&\mathrm{E}_{\xi_i}[\,f(\xi_1, \ldots, \xi_{i-1}, \xi_i, \xi_{i+1}, \ldots, \xi_N)\,] \\&= \frac{1}{2}(f(\xi_1, \ldots, \xi_{i-1}, 1, \xi_{i+1}, \ldots, \xi_N) + f(\xi_1, \ldots, \xi_{i-1}, -1, \xi_{i+1}, \ldots, \xi_N))\end{aligned}$$

と書く.さらに,$\xi_{i+1}, \ldots, \xi_N$ についての平均を $\mathrm{E}_{\xi_{i+1}, \ldots, \xi_N}$ などと書く.そして,

$$U_0 = \mathrm{E}_\xi\left[\left\|\sum_{j=1}^N \xi_j v_j\right\|\right],$$

$$U_i(\xi_1, \ldots, \xi_i) = \mathrm{E}_{\xi_{i+1}, \ldots, \xi_N}\left[\left\|\sum_{j=1}^N \xi_j v_j\right\|\right], \quad i = 1, \ldots, N-1,$$

$$U_N(\xi_1, \ldots, \xi_N) = \left\|\sum_{j=1}^N \xi_j v_j\right\|$$

と置くと,特に $i = 1, 2, \ldots, N$ に対して

$$\begin{aligned}U_{i-1}(\xi_1, \ldots, \xi_{i-1}) &= \frac{1}{2}(U_i(\xi_1, \ldots, \xi_{i-1}, 1) + U_i(\xi_1, \ldots, \xi_{i-1}, -1)) \\&= \mathrm{E}_{\xi_i}[U_i](\xi_1, \ldots, \xi_{i-1}) \qquad (4.43)\end{aligned}$$

となる.さらに,

$$V_i(\xi_1, \ldots, \xi_i) = U_i(\xi_1, \ldots, \xi_i) - U_{i-1}(\xi_1, \ldots, \xi_{i-1}), \quad i = 1, 2, \ldots, N$$

と置くと,$i = 1, 2, \ldots, N$ に対して (4.43) から特に

$$\mathrm{E}_{\xi_i}[V_i] = 0 \qquad (4.44)$$

を得る.

次に $i = 1, \ldots, N$ に対して

$$c_i = \max_{\xi \in \{\pm 1\}^N, \xi_i' \in \{\pm 1\}} \left\|\left\|\xi_i v_i + \sum_{j \neq i} \xi_j v_j\right\| - \left\|\xi_i' v_i + \sum_{j \neq i} \xi_j v_j\right\|\right\|$$

と置くと，セミノルムの性質 (4.3) と定義 (4.2) の (ii) から，

$$c_i \leqq \max_{\xi_i \in \{\pm 1\},\, \xi_i' \in \{\pm 1\}} \|(\xi_i - \xi_i')v_i\| \leqq 2\|v_i\|, \quad i = 1, \ldots, N \tag{4.45}$$

が成り立つ．他方，最大値は平均値よりも大きいことから，

$$c_i \geqq \max_{\xi_1, \ldots, \xi_i, \xi_i' \in \{\pm 1\}} |U_i(\xi_1, \ldots, \xi_i) - U_i(\xi_1, \ldots, \xi_{i-1}, \xi_i')|$$

$$= \max_{\xi_1, \ldots, \xi_i, \xi_i' \in \{\pm 1\}} |V_i(\xi_1, \ldots, \xi_i) - V_i(\xi_1, \ldots, \xi_{i-1}, \xi_i')|$$

となって，さらに，$(\xi_1, \ldots, \xi_i) \in \{\pm 1\}^i$ に対して

$$V_i(\xi_1, \ldots, \xi_{i-1}, 1) \wedge V_i(\xi_1, \ldots, \xi_{i-1}, -1)$$
$$\leqq V_i(\xi_1, \ldots, \xi_{i-1}, \xi_i)$$
$$\leqq V_i(\xi_1, \ldots, \xi_{i-1}, 1) \vee V_i(\xi_1, \ldots, \xi_{i-1}, -1),$$
$$0 \leqq V_i(\xi_1, \ldots, \xi_{i-1}, 1) \vee V_i(\xi_1, \ldots, \xi_{i-1}, -1)$$
$$\quad - V_i(\xi_1, \ldots, \xi_{i-1}, 1) \wedge V_i(\xi_1, \ldots, \xi_{i-1}, -1) \leqq c_i$$

に注意して，

$$\begin{aligned}a_i(\xi_1, \ldots, \xi_{i-1}) &= V_i(\xi_1, \ldots, \xi_{i-1}, 1) \wedge V_i(\xi_1, \ldots, \xi_{i-1}, -1), \\ b_i(\xi_1, \ldots, \xi_{i-1}) &= a_i(\xi_1, \ldots, \xi_{i-1}) + c_i\end{aligned} \tag{4.46}$$

と置くと，$(\xi_1, \ldots, \xi_{i-1}) \in \{\pm 1\}^{i-1}$ に対して

$$a_i(\xi_1, \ldots, \xi_{i-1}) \leqq V_i(\xi_1, \ldots, \xi_{i-1}, \xi_i) \leqq b_i(\xi_1, \ldots, \xi_{i-1}), \quad \xi_i \in \{\pm 1\} \tag{4.47}$$

を得る．

ここで，命題 3.5 において，$\mathrm{E}[\cdot] = \mathrm{E}_{\xi_i}[\cdot]$ および $X = V_i$, $a = a_i$, $b = b_i$ とすると

$$\mathrm{E}_{\xi_i}[e^{sV_i}] \leqq e^{s\mathrm{E}_{\xi_i}[V_i] + c_i^2 s^2/8}, \quad s \in \mathbb{R}$$

を得る．この評価に (4.44) の $\mathrm{E}_{\xi_i}[V_i] = 0$ を代入して $i = 1, \ldots, N$ について帰納的に適用し，(4.45) も用いることで，

$$\begin{aligned}
\mathrm{E}_\xi[\,e^{sU_N-sU_0}\,] &= \mathrm{E}_\xi\left[\prod_{i=1}^N e^{sV_i}\right] \\
&= \mathrm{E}_{\xi_1}[\,\mathrm{E}_{\xi_2}[\cdots \mathrm{E}_{\xi_{N-1}}[\,\mathrm{E}_{\xi_N}[\,e^{sV_N}\,]e^{sV_{N-1}}\,]\cdots e^{sV_2}\,]e^{sV_1}\,] \\
&\leqq \mathrm{E}_{\xi_1}[\,\mathrm{E}_{\xi_2}[\cdots \mathrm{E}_{\xi_{N-1}}[\,e^{sV_{N-1}}\,]\cdots e^{sV_2}\,]e^{sV_1}\,]e^{c_N^2 s^2/8} \\
&\leqq \mathrm{E}_{\xi_1}[\,\mathrm{E}_{\xi_2}[\cdots\cdots e^{sV_2}\,]e^{sV_1}\,]e^{(c_{N-1}^2+c_N^2)s^2/8} \\
&\quad\vdots \\
&\leqq e^{\sum_{i=1}^N c_i^2 s^2/8} \\
&\leqq e^{\sum_{i=1}^N \|v_i\|^2 s^2/2}, \quad s\in\mathbb{R} \tag{4.48}
\end{aligned}$$

となる．さらに命題 2.2（チェビシェフの不等式）を $\mathrm{E}[\cdot]=\mathrm{E}_\xi[\cdot]$ と $X=U_N-U_0$ と $s\geqq 0$ に対して $h(x)=e^{sx}$ として用いると，$t\geqq 0$ のとき，

$$\begin{aligned}
\mathrm{P}_\xi\left[\left\|\sum_{j=1}^N \xi_j v_j\right\| - \mathrm{E}_\xi\left[\left\|\sum_{j=1}^N \xi_j v_j\right\|\right] \geqq t\right] &= \mathrm{P}_\xi[U_N-U_0\geqq t] \\
&\leqq \inf_{s\geqq 0}\mathrm{E}_\xi[\,e^{sU_N-sU_0}\,]e^{-st} \\
&\leqq \inf_{s\geqq 0}\exp\left(-st+\frac{1}{2}\sum_{i=1}^N \|v_i\|^2 s^2\right) \\
&= \inf_{s\geqq 0}\exp\left(\frac{1}{2}\sum_{i=1}^N \|v_i\|^2\,(s-\frac{t}{\sum_{i=1}^N \|v_i\|^2})^2 - \frac{t^2}{2\sum_{i=1}^N \|v_i\|^2}\right)
\end{aligned}$$

によって定理の最初の主張を得る．もう一方の主張は，やはりチェビシェフの不等式を用いた後に (4.48) を $s\mapsto -s$ として用いると，

$$\begin{aligned}
\mathrm{P}_\xi\left[\left\|\sum_{j=1}^N \xi_j v_j\right\| - \mathrm{E}_\xi\left[\left\|\sum_{j=1}^N \xi_j v_j\right\|\right] \leqq -t\right] &= \mathrm{P}_\xi[-U_N+U_0\geqq t] \\
&\leqq \inf_{s\geqq 0}\mathrm{E}_\xi[\,e^{(-s)U_N-(-s)U_0}\,]e^{-st} \\
&\leqq \inf_{s\geqq 0}\exp\left(-st+\frac{1}{2}\sum_{i=1}^N \|v_i\|^2 s^2\right)
\end{aligned}$$

となるので，定理の主張を得る． □

定理 4.7 のラーデマッヘル列に対する有界差異法の評価から 1 次モーメント（期待値）による q 次モーメントの上からの評価を得るには分布関数の積分で期待値を表す命題 2.6 を用いる．

次の命題は一般の確率空間において成り立つので，確率論の命題として書くが，その次の定理 4.9 では，これをラーデマッヘル列の（有限な）線形結合に対して用いるので，本節では線形空間の性質しか用いない．

命題 4.8（偏差の確率から期待値によるモーメントの評価へ） 非負値確率変数 $X: \Omega \to \mathbb{R}_+$ がある正数 x に対して

$$P[X - E[X] \geqq t] \leqq e^{-t^2/x^2}, \ t \geqq 0$$

を満たすならば，任意の $q \geqq 1$ に対して q だけで決まる正数 C_q が存在して

$$E[X^q] \leqq E[X]^q + C_q \left(\Gamma\left(\frac{1}{2}\right) E[X]^{q-1} x + \Gamma\left(\frac{q}{2}\right) x^q \right)$$

を満たす．ここで（係数は重要ではないが）$\Gamma(s) = \int_0^\infty t^{s-1} e^{-t} dt$ はガンマ関数である． ◇

証明 命題 2.6 で $h(t) = t^q$ と置き，積分を $t = E[X]$ で 2 つにわけて，$t \geqq E[X]$ では積分変数を $t = E[X] + s$ で s に変え，$t \leqq E[X]$ では確率を 1 で上から評価すると，

$$\begin{aligned}
E[X^q] &= q \int_0^\infty t^{q-1} P[X \geqq t] dt \\
&\leqq q \int_0^{E[X]} t^{q-1} dt + q \int_0^\infty (E[X] + s)^{q-1} P[X - E[X] \geqq s] ds
\end{aligned}$$

となる．第 1 項は $E[X]^q$ に等しい．第 2 項は (2.3) を用いて被積分関数を 2 項の和に分けることで

$$E[X^q] \leqq E[X]^q \\
+ q(1 \vee 2^{q-2}) \left(E[X]^{q-1} \int_0^\infty e^{-s^2/x^2} ds + \int_0^\infty s^{q-1} e^{-s^2/x^2} ds \right)$$

となって，主張を得る．

係数は積分変数変換 $s = x\sqrt{t}$ によって

$$\int_0^\infty s^{q-1} e^{-s^2/x^2}\, ds = \frac{1}{2} x^q \int_0^\infty t^{(q/2)-1} e^{-t}\, dt = \frac{1}{2}\Gamma\left(\frac{q}{2}\right) x^q$$

でガンマ関数で書け，証明から $C_q = \dfrac{q}{2}(1 \vee 2^{q-2})$ とできる． □

定理 4.9 ($K'_{U,r,q} \Rightarrow K'_{U,r,q'}$) (4.9) を満たす部分集合 $U \subset V$ と定数 $1 \leqq r \leqq 2$ と $q \geqq 1$ に対してセミノルム付き線形空間 $(V, \|\cdot\|)$ は (4.10) の性質 $K'_{U,r,q}$ を持つとする．このとき V は任意の $q' \geqq 1$ に対して性質 $K'_{U,r,q'}$ も持つ．

特に ($U = V$ とすることで)，セミノルム付き線形空間 $(V, \|\cdot\|)$ がある $1 \leqq r \leqq 2$ と $q \geqq 1$ に対して性質 $K_{r,q}$ を持てば任意の $q' \geqq 1$ に対して性質 $K_{r,q'}$ を持つ． ◇

証明 命題 4.1 から，ある $q \geqq 1$ で $K'_{U,r,q}$ が成り立てば $K'_{U,r,1}$ が成り立つので，$q = 1$ で証明すればよい．

ξ をラーデマッヘル列，$N \in \mathbb{N}$, $u_i, m_i \in U$, $i = 1, \ldots, N$ とし，しばらく記号の簡単のため $v_i = u_i - m_i$ と置き，命題 4.8 で $\mathrm{E}[\cdot] = \mathrm{E}_\xi[\cdot]$, $\mathrm{P}[\cdot] = \mathrm{P}_\xi[\cdot]$, $X = \left\|\sum_{i=1}^N \xi_i v_i\right\|$, $x = \left(2\sum_{i=1}^N \|v_i\|^2\right)^{1/2}$ と置く．

セミノルム付き線形空間 $(V, \|\cdot\|)$ では定理 4.7 が成り立つことから命題 4.8 の仮定が成り立つので，

$$\mathrm{E}_\xi\left[\left\|\sum_{i=1}^N \xi_i v_i\right\|^{q'}\right] \leq \mathrm{E}_\xi\left[\left\|\sum_{i=1}^N \xi_i v_i\right\|\right]^{q'}$$
$$+ C_1 \Gamma\left(\frac{1}{2}\right) 2^{1/2} \mathrm{E}_\xi\left[\left\|\sum_{i=1}^N \xi_i v_i\right\|\right]^{q'-1} \left(\sum_{i=1}^N \|v_i\|^2\right)^{1/2}$$
$$+ C_1 \Gamma\left(\frac{q'}{2}\right) 2^{q'/2} \left(\sum_{i=1}^N \|v_i\|^2\right)^{q'/2}$$

を得る．C_1 は命題 4.8 の定数 $C_{q'} = \dfrac{q'}{2}(1 \vee 2^{q'-2})$ である．補題 2.4 で $p =$

4.5 有界差異法による $K'_{U,r,q}$ の $q=1$ への帰着

$\dfrac{q'}{q'-1}$ として得る

$$a^{q'-1}b \leqq a^{q'/p}b \leqq \frac{a^{q'}}{p} + \frac{b^{q'}}{q'} = \frac{1}{q'}((q'-1)a^{q'} + b^{q'}), \quad a,b \geqq 0$$

から得られる

$$\mathrm{E}_\xi\left[\left\|\sum_{i=1}^N \xi_i v_i\right\|\right]^{q'-1} \left(\sum_{i=1}^N \|v_i\|^2\right)^{1/2}$$
$$\leqq \frac{q'-1}{q'} \mathrm{E}_\xi\left[\left\|\sum_{i=1}^N \xi_i v_i\right\|\right]^{q'} + \frac{1}{q'}\left(\sum_{i=1}^N \|v_i\|^2\right)^{q'/2}$$

を用いると

$$\mathrm{E}_\xi\left[\left\|\sum_{i=1}^N \xi_i v_i\right\|^{q'}\right]$$
$$\leqq \left(1 + C_1 \Gamma\left(\frac{1}{2}\right)\sqrt{2}\,\frac{q'-1}{q'}\right) \mathrm{E}_\xi\left[\left\|\sum_{i=1}^N \xi_i v_i\right\|\right]^{q'}$$
$$+ C_1 \left(\Gamma\left(\frac{q'}{2}\right) 2^{q'/2} + \frac{1}{q'}\Gamma\left(\frac{1}{2}\right) 2^{1/2}\right) \left(\sum_{i=1}^N \|v_i\|^2\right)^{q'/2}$$

を得る.

$\epsilon > 0$ と $\epsilon' > 0$ を任意に選んで $v_i = u_i - m_i$ を思い出して右辺に仮定 $K'_{U,r,1}$ と (2.1) を用いると,

$$\mathrm{E}_\xi\left[\left\|\sum_{i=1}^N \xi_i (u_i - m_i)\right\|^{q'}\right]$$
$$\leqq C_3 + C_4 \left(1 + \sum_{i=1}^N \|u_i + m_i\|\right)^{q'\epsilon'} \left(\sum_{i=1}^N \|u_i - m_i\|^r\right)^{q'/r}$$

を得る. ここで C_3 と C_4 は N と u_i たちと m_i たちによらない定数で, 具体的には, $C_1 = \dfrac{q'}{2}(1 \vee 2^{q'-2})$ を代入し, また, 仮定 $K'_{U,r,1}$ における (4.10) の

定数 C を $C_{\epsilon,\epsilon'}$ と置くと，

$$C_3 = \epsilon^{q'} 2^{q'-1} \left(1 + 2^{-1/2}\, \Gamma\left(\frac{1}{2}\right)(q'-1)(1 \vee 2^{q'-2}) \right),$$

$$C_4 = 2^{q'-1} C_{\epsilon,\epsilon'}^{q'} \left(1 + 2^{-1/2}\, \Gamma\left(\frac{1}{2}\right)(q'-1)(1 \vee 2^{q'-2}) \right)$$
$$+ \left(2^{-1/2}\, \Gamma\left(\frac{1}{2}\right) + 2^{(q'/2)-1}\, \Gamma\left(\frac{q'}{2}\right) q' \right)(1 \vee 2^{q'-2})$$

である．

$\epsilon \to 0$ のとき $C_3 \to 0$ となるので，C_3 をあらためて $\epsilon^{q'}$ と置き直すと，(4.10) の性質 $K'_{U,r,q'}$ が成り立つことがわかる． □

第5章
有界変動関数の空間と一般化したグリヴェンコ・カンテリの定理

定理 1.6 のグリヴェンコ・カンテリの定理の (1.36) を定理 1.3 の実数値の大数の完全法則の (1.26) と見比べると，$\omega \in \Omega$ を固定するごとに，後者における算術平均の各項の実数 $a = X_k^{(N)}(\omega)$ に対応するのは，前者では $x \mapsto \mathbf{1}_{(-\infty, x]}(a)$ で定義される実数上の実数値関数である．この関数たちをすべての $a \in \mathbb{R}$ について要素に持つ自然な線形空間は，4.2 節の (4.9) の下の例の類推で，2つの右連続な有界非減少関数の差で書ける関数の集合である．この集合は右連続な有界変動関数の集合と一致する．5.1 節と 5.2 節で以上についての基礎事項を整理した後，5.4 節で一般化ヒンチンの不等式，5.3 節でグリヴェンコ・カンテリの定理の一般化に進む．

実数上の実数値関数 $g: \mathbb{R} \to \mathbb{R}$ に対して

$$g(x-0) = \lim_{\epsilon \to +0} g(x-\epsilon) \tag{5.1}$$

と（極限があるとき）書いて，（左からの極限なので）左極限と呼ぶ．また $g(-\infty) = \lim_{x \to -\infty} g(x)$ および $g(+\infty - 0) = \lim_{x \to +\infty} g(x)$ と（極限があるとき）書く．$g(+\infty - 0) \in \mathbb{R}$, $g(-\infty) \in \mathbb{R}$ と書いたときは，これらの極限が実数値，すなわち，$|x|$ の大きい極限で $g(x)$ が収束することを意味するものとする．右連続な関数，すなわち，

$$\lim_{\epsilon \to +0} g(x+\epsilon) = g(x), \ x \in \mathbb{R} \tag{5.2}$$

を満たす関数のみ扱うので，右極限の記号は使わない．特に単調な関数の場合は $g(+\infty - 0) \in \mathbb{R}$ と $g(-\infty) \in \mathbb{R}$ が成り立つことは g が有界なことと同値である．

5.1 単調関数の基礎性質

非減少関数は確率論では分布関数でおなじみである.

命題 5.1 実確率変数 $X\colon \Omega \to \mathbb{R}$ に対して $F(x) = \mathrm{P}[\,X \leqq x\,]$ で定義される分布関数 $F\colon \mathbb{R} \to [0,1]$ は,非減少関数で右連続左有極限,すなわち,$g = F$ が (5.2) を満たし,かつ (5.1) の $F(x-0)$ がすべての $x \in \mathbb{R}$ に対して存在し,$F(x) - F(x-0) = \mathrm{P}[\,X = x\,]$ である.不連続点の集合は高々可算集合である.また,$F(-\infty) = \lim_{x \to -\infty} F(x) = 0$ と $F(+\infty - 0) = \lim_{x \to +\infty} F(x) = 1$ を満たし,したがって特に有界である. $\diamond$

証明 定義 $F(x) = \mathrm{P}[\,X \leqq x\,]$ と確率の非負値性から F が非減少なことは明らか.

測度の σ 加法性から確率の連続性が成り立つことと,$x \in \mathbb{R}$ に対して $\{x_n\}$ が x に収束する減少列のとき $\bigcap_{n \in \mathbb{N}} (-\infty, x_n] = (-\infty, x]$ となることから,$\lim_{n \to \infty} F(x_n) = F(x)$. これと F の単調性から右連続性を得る.いっぽう $\{x_n\}$ が x に収束する増加列のときは $\bigcup_{n \in \mathbb{N}} (-\infty, x_n] = (-\infty, x) \subset (-\infty, x]$ なので,$\{F(x_n)\}$ は非減少で $F(x)$ 以下,すなわち,上に有界だから,左極限が存在する.今の議論からより精密に,$F(x-0) = \mathrm{P}[\,X \in (-\infty, x)\,] = F(x) - \mathrm{P}[\,X = x\,]$ でもある.同様に,確率の連続性と $\bigcap_{n \in \mathbb{N}} (-\infty, -n] = \emptyset$, および, $\bigcup_{n \in \mathbb{N}} (-\infty, n] = \mathbb{R}$ から,$F(-\infty) = 0$ と $F(+\infty - 0) = 1$ も成り立つ.

$n = 1, 2, \ldots$ について $F(x) - F(x-0) \geqq \dfrac{1}{n}$ なる点は F の値域が $[0,1]$ なことから n 個以下であることに注意すると,不連続点,すなわち,$F(x) - F(x-) \neq 0$ なる点の集合は高々可算集合である. $\square$

上の証明の最初の,区間の各点での左右それぞれからの極限の存在は,分布関数に限らず区間で定義された単調な実数値関数で成り立つ.このこと(上で左右極限と書いた性質)はこの先断りなく用いる.

単調関数についての次の初等的な結果は,グリヴェンコ・カンテリの定理の証明の鍵となる.

補題 5.2 $m\colon \mathbb{R} \to \mathbb{R}$ を右連続な有界非減少関数とする．このとき，任意の $\epsilon > 0$ に対して，

$$0 \leqq K < \frac{1}{\epsilon}\left(m(+\infty - 0) - m(-\infty)\right) \tag{5.3}$$

を満たす，g によらず m と ϵ だけで決まる，非負整数 K，および $K \geqq 1$ のときさらに，長さ K の，g によらず m と ϵ だけで決まる，非減少実数列 $x_1 \leqq x_2 \leqq \cdots \leqq x_K$ が存在して，任意の有界非減少関数 $g\colon \mathbb{R} \to \mathbb{R}$ に対して，

$$\sup_{x \in \mathbb{R}} |g(x) - m(x)|$$
$$\leqq \epsilon + \bigvee_{j=0}^{K} \left(|g(x_j) - m(x_j)| \vee |g(x_{j+1} - 0) - m(x_{j+1} - 0)|\right) \tag{5.4}$$

が成り立つ．ここで，$\bigvee_j a_j = \max_j a_j$ は $\{a_j\}$ の中の最大値を表し，また $x_0 = -\infty$ および $x_{K+1} = +\infty$ と置いた． $\diamond$

証明 $m(+\infty - 0) - m(-\infty) \leqq \epsilon$ ならば $K = 0$ と置いて m と g の単調性と (2.2) を使うと，$x \in \mathbb{R}$ に対して $g(x) \geqq m(x)$ ならば

$$|g(x) - m(x)| = g(x) - m(x)$$
$$\leqq g(+\infty - 0) - m(-\infty)$$
$$= g(+\infty - 0) - m(+\infty - 0) + m(+\infty - 0) - m(-\infty)$$
$$\leqq |g(x_{K+1} - 0) - m(x_{K+1} - 0)| + \epsilon,$$

$g(x) < m(x)$ ならば

$$|g(x) - m(x)| = m(x) - g(x)$$
$$\leqq m(+\infty - 0) - m(-\infty) + m(-\infty) - g(-\infty)$$
$$\leqq \epsilon + |m(x_0) - g(x_0)|$$

となって (5.4) が $K = 0$ で成り立つ．

以下 $m(+\infty) - m(-\infty) > \epsilon$ として,$K' \in \mathbb{N}$ を (5.3) を満たす最大の整数 K とし,

$$x_j = \inf\{x \in \mathbb{R} \mid m(x) - m(-\infty) \geqq j\epsilon\}, \quad j = 1, 2, \ldots, K' \tag{5.5}$$

と置く.まず,K' の選び方(と $m(+\infty) - m(-\infty) > \epsilon$)と m が非減少なことから

$$-\infty < x_1 \leqq \cdots \leqq x_{K'} < \infty \tag{5.6}$$

である.

次に,x_j たちのいくつかは等しい可能性がある.たとえば,ある点 $y \in \mathbb{R}$ で $m(y) - m(y-0) > 2\epsilon$ なる m の値の跳びがあると,x_j たちの定義 (5.5) から $x_j = x_{j+1} = y$ となる j がある.このことによる混乱を避けるために,各 $j = 1, 2, \ldots, K'$ に対して,

$$e(j) = \max\{i \in \{j, j+1, \ldots, K'\} \mid x_i = x_j\}$$

と置くと,この定義から

$$x_{e(j)+1} > x_{e(j)} = x_j, \quad j = 1, 2, \ldots, K'-1; \ e(j) \leqq K'-1 \tag{5.7}$$

が成り立つ.よって m の単調性から特に

$$m(x_{e(j)+1} - 0) - m(x_j) \geqq 0$$

が成り立つ.さらに,(5.5) と m の単調性と右連続性から

$$m(x_{e(j)+1} - 0) - m(-\infty) \leqq (e(j)+1)\epsilon,$$
$$m(x_j) = m(x_{e(j)}) \geqq m(-\infty) + e(j)\epsilon$$

も成り立つので,

$$m(x_{e(j)+1} - 0) - m(x_j) \leqq \epsilon, \quad j = 1, \ldots, K'-1; \ e(j) \leqq K'-1$$

も成り立つ.$e(j) = K'$ の場合については,まず既に確認した $x_{K'} < \infty$ と m の単調性から $m(+\infty - 0) \geqq m(x_{K'})$ が成り立つ.また,m の右連続性と定義 (5.5) から

$$m(x_{K'}) \geqq m(-\infty) + K'\epsilon$$

5.1 単調関数の基礎性質

が成り立つ．K' が (5.3) を満たす最大の整数 K だから，

$$K' \geq \frac{1}{\epsilon}(m(+\infty - 0) - m(-\infty)) - 1$$

なので，合わせると

$$m(x_{K'}) \geq m(-\infty) + K'\epsilon \geq m(+\infty - 0) - \epsilon$$

を得る．以上をまとめると，

$$0 \leq m(x_{e(j)+1} - 0) - m(x_j) \leq \epsilon, \quad j = 0, 1, \ldots, K' - 1;\ e(j) \leq K' - 1,$$
$$0 \leq m(+\infty - 0) - m(x_{K'}) \leq \epsilon \tag{5.8}$$

となる．

$x \in \mathbb{R}$ を任意にとると，$x_j \leq x < x_{j+1} = x_{e(j)+1}$ を満たす $j \in \{0, 1, \ldots, K\}$ が決まる．m と g が非減少なことと (5.8) から，$g(x) \geq m(x)$ ならば

$$\begin{aligned}|g(x) - m(x)| &= g(x) - m(x) \\ &\leq g(x_{e(j)+1} - 0) - m(x_j) \\ &\leq |g(x_{e(j)+1} - 0) - m(x_{e(j)+1} - 0)| + m(x_{e(j)+1} - 0) - m(x_j) \\ &\leq |g(x_{e(j)+1} - 0) - m(x_{e(j)+1} - 0)| + \epsilon\end{aligned}$$

となり，逆に $g(x) < m(x)$ ならば

$$\begin{aligned}|g(x) - m(x)| &= m(x) - g(x) \\ &\leq (m(x_{e(j)+1} - 0) - m(x_j)) + (m(x_j) - g(x_j)) \\ &\leq |g(x_j) - m(x_j)| + \epsilon\end{aligned}$$

となるので，(5.4) が成り立つ．

定理の主張の K は $x_1, \ldots, x_{K'}$ の中の異なる値の個数に選べるので K' 以下だから (5.3) を満たす． □

5.2 有界変動関数の線形空間 $BV(\mathbb{R})$

a と b を実数, n を自然数とする. $a = x_0 < x_1 < \cdots < x_n = b$ を満たす $\{x_0, x_1, \ldots, x_n\}$ を区間 $[a,b]$ の分割と呼ぶことにする. 分割の集合を $\Delta(a,b)$ と書く. $n = 1$ となる Δ の要素は $\{a,b\}$ だけである. そして, 実数値関数 $f \colon [a,b] \to \mathbb{R}$ に対して f の $[a,b]$ での変動を

$$V_f([a,b]) = \sup \left\{ \sum_{i=0}^{n-1} |f(x_{i+1}) - f(x_i)| \,\middle|\, \{x_0, x_1, \ldots, x_n\} \in \Delta(a,b) \right\} \quad (5.9)$$

で（$+\infty$ を許して）定義する.

$f \colon [a,b] \to \mathbb{R}$ が有界変動とは $V_f([a,b]) \in \mathbb{R}$ のことと定義する. $V_f([a,b]) \in \mathbb{R}$ のことをしばしば $V_f([a,b]) < +\infty$ と俗記する. そして, $[a,b]$ 上の右連続な有界変動関数をすべて集めた集合を $BV([a,b])$ と置く. $BV([a,b])$ は, 普通に関数列の各点での値の線形結合で定義される関数を関数列の線形結合と定義することで線形空間になる.

以上の定義を $a = -\infty, b = +\infty - 0$ にも自然に一般化して, $f \colon \mathbb{R} \to \mathbb{R}$ に対して $V_f(\mathbb{R}) = V_f([-\infty, +\infty - 0])$ を定義する. たとえば定数関数の変動は $V_f(\mathbb{R}) = 0$ であり, 単調関数の変動は $V_f(\mathbb{R}) = |f(+\infty - 0) - f(-\infty)|$ である. $\mathbb{R}$ 上の右連続な有界変動関数をすべて集めた線形空間を $BV(\mathbb{R})$ と書く.

点 x で f に左極限がなければ, その定義から, 増加数列 $a_n \uparrow x$ と正数 ϵ があって, $|f(a_n) - f(a_{n+1})| > \epsilon, n \in \mathbb{N}$ とできるので, $V_f([a,b]) = \infty$ である. 対偶をとると有界変動ならば各点で左極限がある. 右極限も同様である.

$a < c < b$ のとき加法性

$$V_f([a,b]) = V_f([a,c]) + V_f([c,b]) \quad (5.10)$$

が成り立つ. これは, 分割 $\Delta_x, \Delta_y \in \Delta$ に包含関係 $\Delta_x \subset \Delta_y$ があれば $\sum_i |f(x_{i+1}) - f(x_i)| \leqq \sum_i |f(y_{i+1}) - f(y_i)|$ が絶対値についての三角不等式から得られるので, (5.10) の左辺の sup の中の分割に対して必要なら c を挿入することで右辺の分割とすれば右辺が小さくないことが言え, 逆に, 右辺の sup の中の分割は合わせることで左辺の分割になるからである. これに加

えて $V_f([a,a]) = 0$ と置くと，区間の上端 x の関数として $V_f([a,x])$ は非減少関数となる．

$f\colon [a,b] \to \mathbb{R}$ が有界変動ならば $x \in [a,b]$ に対して

$$|f(x)| \leqq |f(a)| + |f(x) - f(a)|$$
$$\leqq |f(a)| + V_f([a,x]) \leqq |f(a)| + V_f([a,b]) < \infty$$

となって，f は $[a,b]$ で有界である．

命題 5.3 区間 $[a,b]$ 上の有界変動関数 $f\colon [a,b] \to \mathbb{R}$ がある $c \in [a,b)$ で右連続ならば $V_f([a,x])$ も $x = c$ で右連続である．$\mathbb{R}$ 上の有界変動関数でも同様である． ◇

証明 $a = c = -\infty$ では $f(-\infty)$ の定義が右極限なので自明だから以下 $c \in \mathbb{R}$ として，$\epsilon > 0$ を任意にとる．（以下，$[a,b]$ 上の関数でも $\mathbb{R}$ 上の関数でも共通の証明となる．）f の右連続性の仮定から，

$$|f(x) - f(c)| < \frac{1}{2}\epsilon, \quad c < x < c + \delta \tag{5.11}$$

が成り立つ $\delta > 0$ が存在する．V_f の定義 (5.9) から，

$$V_f([c,b]) < \sum_{i=0}^{n-1} |f(x_{i+1}) - f(x_i)| + \frac{1}{2}\epsilon \tag{5.12}$$

を満たす分割 $\{x_0, x_1, \ldots, x_n\} \in \Delta([c,b])$ がある．

もし $x_1 < c + \delta$ ならば $\delta' = x_1 - c$ と置くと（分割の定義 $x_1 > x_0 = c$ から $\delta' > 0$ であって），$\{x_1, \ldots, x_n\} \in \Delta([c+\delta', b])$ なので，V_f の定義から

$$V_f([c+\delta', b]) \geqq \sum_{i=1}^{n-1} |f(x_{i+1}) - f(x_i)|$$

である．これと (5.12) と加法性 (5.10) と (5.11) から，

$$V_f([c, c+\delta']) = V_f([c,b]) - V_f([c+\delta', b])$$
$$< |f(x_1) - f(c)| + \frac{1}{2}\epsilon < \epsilon. \tag{5.13}$$

逆にもし $x_1 \geqq c+\delta$ ならば $0 < \delta' < \delta$ なる δ' を任意にとると, $\{x_0, c+\delta', x_1, \ldots, x_n\} \in \Delta([c,b])$ であって, (5.12) と三角不等式から

$$V_f([c,b]) < |f(c) - f(c+\delta')| + |f(c+\delta') - f(x_1)| \\ + \sum_{i=1}^{n-1} |f(x_{i+1}) - f(x_i)| + \frac{1}{2}\epsilon. \quad (5.14)$$

また, $\{c+\delta', x_1, \ldots, x_n\} \in \Delta([c+\delta', b])$ なので,

$$V_f([c+\delta', b]) \geqq |f(x_1) - f(c+\delta')| + \sum_{i=1}^{n-1} |f(x_{i+1}) - f(x_i)|.$$

これに (5.14) と加法性 (5.10) と (5.11) も用いると,

$$V_f([c, c+\delta']) = V_f([c,b]) - V_f([c+\delta', b]) \\ < |f(c) - f(c+\delta')| + \frac{1}{2}\epsilon < \epsilon. \quad (5.15)$$

(5.13) と (5.15) から, 場合分けに関係なく $\delta' > 0$ が存在して

$$0 < V_f([a, c+\delta']) - V_f([a,c]) = V_f([c, c+\delta']) < \epsilon$$

となる. $V_f([a,x])$ は x について非減少なので, 結局 $0 < x < \delta'$ ならば $0 < V_f([a,x]) - V_f([a,c]) < \epsilon$ を得る. $\epsilon > 0$ は任意なので, $V_f([a,x])$ は $x = c$ で右連続である. □

命題前半の, $f \in BV(\mathbb{R})$ を非減少関数 $f_\pm$ の差に分解する際の f_+ は任意の有界右連続非減少関数 g に対して $f_+(x) = g(x) + V_f([a,x])$ としてもよいので, 1 つには決まらない. その結果, 後半の $f = f_+ - f_-$ の全変動 $V_f([a,x])$ は一般には $f_+(x) + f_-(x)$ 以下としか言えない.

以上で有界変動関数の集合 $BV([a,b])$ を導入して以来の目標であった, 2 つの右連続な有界非減少関数の差で書ける関数の集合が有界変動関数の集合と等しいことを証明する準備が整った.

5.2 有界変動関数の線形空間 $BV(\mathbb{R})$

命題 5.4 $-\infty \leqq a < b \leqq +\infty$ とする．区間 $[a,b]$ 上の有界変動関数 $f: [a,b] \to \mathbb{R}$ は 2 つの有界非減少関数 $f_\pm: [a,b] \to \mathbb{R}$ を選んで $f = f_+ - f_-$ と書ける．特に $f_+(x) = V_f([a,x])$, $a \leqq x \leqq b$ と選べる．

逆に，2 つの有界非減少関数の差で定義された関数は有界変動関数である．すなわち，2 つの $[a,b]$ 上の右連続な有界非減少関数の差で書ける関数の集合と $BV([a,b])$ は等しい． ◇

証明 f が有界変動，すなわち $V_f < \infty$ とする．$a \leqq x \leqq b$ に対して $f_+(x) = V_f([a,x])$ で $f_+: [a,b] \to \mathbb{R}$ を定義し，$f_- = f_+ - f$ と置くと，f_+ は非減少であり，特に f が右連続ならば命題 5.3 から f_+ も右連続である．さらに f と f_+ が右連続ならば $f_- = f_+ - f$ も右連続である．あとは f_- が非減少であることを示せばよい．$a \leqq x \leqq y \leqq b$ とする．変動の加法性 (5.10) から

$$f_-(y) - f_-(x) = V_f([a,y]) - V_f([a,x]) - (f(y) - f(x))$$
$$\geqq V_f([x,y]) - |f(y) - f(x)|$$

だが，$\{x,y\} \subset \Delta([x,y])$ なので変動の定義から右辺は非負である．よって f_- は非減少である．

逆に，2 つの有界非減少関数 $f_\pm: [a,b] \to \mathbb{R}$ に対して $f = f_+ - f_-$ で $f: [a,b] \to \mathbb{R}$ を定義すると，分割 $\{x_0, x_1, \ldots, x_n\} \in \Delta([a,b])$ に対して $f_\pm$ の非減少性から

$$\sum_{i=1}^{n-1} |f(x_{i+1}) - f(x_i)|$$
$$= \sum_{i=1}^{n-1} |(f_+(x_{i+1}) - f_+(x_i)) - (f_-(x_{i+1}) - f_-(x_i))|$$
$$\leqq \sum_{i=1}^{n-1} |f_+(x_{i+1}) - f_+(x_i)| + \sum_{i=1}^{n-1} |f_-(x_{i+1}) - f_-(x_i)|$$
$$= \sum_{i=1}^{n-1} (f_+(x_{i+1}) - f_+(x_i)) + \sum_{i=1}^{n-1} (f_-(x_{i+1}) - f_-(x_i))$$
$$= (f_+(b) - f_+(a)) + (f_-(b) - f_-(a))$$

となって，$f_\pm$ は仮定により有界だから右辺は有限であり，分割について左辺の上限をとれば V_f となるので $V_f < \infty$ を得て，f は有界変動関数である．□

5.3 $BV(\mathbb{R})$ は性質 $K_{r,q}$ を持たないが性質 $K'_{U,2,q}$ を持つ

実数上の有界変動関数の集合に一様評価のノルム (5.16) を考えた線形空間 $BV(\mathbb{R})$ は性質 $K'_{U,2,q}$ を持つことを証明する．なお，ヒンチンの不等式とその $K'_{U,r,q}$ への一般化は，非減少関数の集合 $U \subset BV(\mathbb{R})$ を考える動機と手がかりであって，本書前半から宿題として残っていた完全収束版グリヴェンコ・カンテリの定理（定理 1.7）の 5.4 節での証明にはヒンチンの不等式やその一般化を用いないので，本節を飛ばして 5.4 節に進むこともできる．

任意の区間 $[a, b]$ に対して $BV([a, b])$ についても以下の同じ証明が成り立つが，記号を増やしすぎないために $\mathbb{R}$ 上の関数で話を進める．

定理 5.5 右連続な有界変動関数をすべて集めた集合 $BV(\mathbb{R})$ に一様評価のノルム

$$\|f\| = \sup_{x \in \mathbb{R}} |f(x)| \tag{5.16}$$

を入れたノルム付き線形空間は，右連続な有界非減少関数 $f: \mathbb{R} \to \mathbb{R}$ をすべて集めた集合 $U \subset BV(\mathbb{R})$ について，任意の $q \geqq 1$ に対して性質 $K'_{U,2,q}$ を持つ． ◇

証明 定理 4.9 によって性質 $K'_{U,2,q}$ が成り立つ $q \geqq 1$ を 1 つ見つければ十分である．まず，命題 5.4 によって (4.9) が成り立つ．(4.10) はある正の ϵ と ϵ' で成り立てば，それぞれそれらよりも大きい ϵ と ϵ' で成り立つので，

$$0 < \epsilon \leqq 1, \quad 0 < \epsilon' \leqq 1$$

と仮定して (4.10) を証明すれば十分である．

$$\epsilon'' = \frac{\epsilon}{2^{1-\epsilon'}} \tag{5.17}$$

と置き，また，(4.10) の C として

$$C = C_{\epsilon,\epsilon'} = 2^{1+2\epsilon'-\epsilon'^2} \overline{B}_{1/\epsilon'} \frac{1}{\epsilon^{\epsilon'}} \tag{5.18}$$

5.3　$BV(\mathbb{R})$ は性質 $K_{r,q}$ を持たないが性質 $K'_{U,2,q}$ を持つ

と選ぶ．$\overline{B}$ は（実数値の）ヒンチンの不等式（定理 3.2）の中の定数 (3.13) である．このとき，任意の自然数 N と $BV(\mathbb{R})$ の列 $u_i, m_i \in U$, $i = 1, \ldots, N$ に対して (4.10) が $r = 2, q = 1$ と (5.18) の C で成り立つことを証明すればよい．

ラーデマッヘル列 $\xi = \{\xi_i\}$ に対して $g = \sum_{i=1}^{N}((1+\xi_i)u_i + (1-\xi_i)m_i)$ および $m = \sum_{i=1}^{N}(m_i + u_i)$ と置くと，

$$g - m = \sum_{i=1}^{N} \xi_i(u_i - m_i)$$

であって，$m, g \in U$ なので，補題 5.2 の ϵ を (5.17) の ϵ'' に選ぶと，(5.3) で $\epsilon = \epsilon''$ としたものを満たし，ϵ'' と $m = \sum_{i=1}^{N}(m_i + u_i)$ だけで決まる非負整数 K と K 個の実数値 $x_1 \leqq x_2 \leqq \cdots \leqq x_K$ が存在して (5.4) が成り立つ．その左辺はノルム (5.16) を用いて $\|g - m\| = \left\|\sum_{i=1}^{N} \xi_i(u_i - m_i)\right\|$ と書ける．いっぽう右辺第 2 項は $BV(\mathbb{R})$ から $2(K+1)$ 次元数ベクトル空間への線形写像 $\pi_K \colon BV(\mathbb{R}) \to \mathbb{R}^{2(K+1)}$ を

$$\pi_K(v) = (v(x_0), v(x_1 - 0), v(x_1), \ldots, v(x_K - 0), v(x_K), v(x_{K+1})) \quad (5.19)$$

で定義するとき $\mathbb{R}^{2(K+1)}$ の最大値ノルム (4.15) を用いて，$\|\pi_K(g - m)\|_\infty$ と書ける．(5.4) から，

$$\left\|\sum_{i=1}^{N} \xi_i(u_i - m_i)\right\| = \|g - m\| \leqq \epsilon'' + \|\pi_K(g - m)\|_\infty$$

を得る．$q = \dfrac{1}{\epsilon'}$ と置くと $0 < \epsilon' \leqq 1$ としたので $q \geqq 1$ である．両辺を q 乗して命題 2.1 と (5.19) を用いると

$$\left\|\sum_{i=1}^{N}\xi_i(u_i-m_i)\right\|^q$$
$$\leqq 2^{q-1}\epsilon''^q+2^{q-1}\left\|\pi_K(g-m)\right\|_\infty^q$$
$$=2^{q-1}\epsilon''^q+2^{q-1}\bigvee_{j=0}^{K}\left(\left|\sum_{i=1}^{N}\xi_i(u_i(x_j)-m_i(x_j))\right|^q\right.$$
$$\left.\vee\left|\sum_{i=1}^{N}\xi_i(u_i(x_{j+1}-0)-m_i(x_{j+1}-0))\right|^q\right)$$
$$\leqq 2^{q-1}\epsilon''^q+2^{q-1}\sum_{j=0}^{K}\left|\sum_{i=1}^{N}\xi_i(u_i(x_j)-m_i(x_j))\right|^q$$
$$+2^{q-1}\sum_{j=0}^{K}\left|\sum_{i=1}^{N}\xi_i(u_i(x_{j+1}-0)-m_i(x_{j+1}-0))\right|^q$$

を得る．$u_i(x_j)-m_j(x_j)$ や $u_i(x_{j+1}-0)-m_i(x_{j+1}-0)$ は実数であり，また，K は ϵ'' と $m=\sum_{i=1}^{N}(m_i+u_i)$ だけで決まり，特に ξ によらないので，ξ についての平均をとって定理3.2の実数値のヒンチンの不等式を $p=q$ で用いることができて，

$$\mathrm{E}_\xi\left[\left\|\sum_{i=1}^{N}\xi_i(u_i-m_i)\right\|^q\right]$$
$$\leqq 2^{q-1}\epsilon''^q+2^{q-1}\overline{B}_q^q\sum_{j=0}^{K}\left(\sum_{i=1}^{N}(u_i(x_j)-m_i(x_j))^2\right)^{q/2}$$
$$+2^{q-1}\overline{B}_q^q\sum_{j=0}^{K}\left(\sum_{i=1}^{N}(u_i(x_{j+1}-0)-m_i(x_{j+1}-0))^2\right)^{q/2}$$
$$\leqq 2^{q-1}\epsilon''^q+2^q\overline{B}_q^q(K+1)\left(\sum_{i=1}^{N}\|u_i-m_i\|^2\right)^{q/2}$$

を得る．ここで，u_i+m_i たちが非減少なことに注意すると，(5.3)で $\epsilon=\epsilon''$ としたものから，

5.3 $BV(\mathbb{R})$ は性質 $K_{r,q}$ を持たないが性質 $K'_{U,2,q}$ を持つ

$$K < \frac{1}{\epsilon''}\left(\sum_{i=1}^{N}(u_i(+\infty-0)+m_i(+\infty-0)) - \sum_{i=1}^{N}(u_i(-\infty)+m_i(-\infty))\right)$$

$$\leqq \frac{2}{\epsilon''}\sum_{i=1}^{N}\|u_i+m_i\|$$

を得るので,さらに,

$$\mathrm{E}_\xi\left[\left\|\sum_{i=1}^{N}\xi_i(u_i-m_i)\right\|^q\right]$$

$$\leqq 2^{q-1}\epsilon''^q + 2^q\overline{B}_q^q\left(1+\frac{2}{\epsilon''}\sum_{i=1}^{N}\|u_i+m_i\|\right)\left(\sum_{i=1}^{N}\|u_i-m_i\|^2\right)^{q/2}$$

$$\leqq 2^{q-1}\epsilon''^q + \frac{1}{\epsilon''}2^{q+1}\overline{B}_q^q\left(1+\sum_{i=1}^{N}\|u_i+m_i\|\right)\left(\sum_{i=1}^{N}\|u_i-m_i\|^2\right)^{q/2}$$

最後の行で,$0<\epsilon\leqq 1$ と $0<\epsilon'\leqq 1$ と (5.17) から,$0<\epsilon''\leqq 1$ であることも使った.さらに $q=\dfrac{1}{\epsilon'}\geqq 1$ であることと次数についての単調性 (1.19) と命題 2.1 と (5.17) と (5.18) を用いると,

$$\mathrm{E}_\xi\left[\left\|\sum_{i=1}^{N}\xi_i(u_i-m_i)\right\|\right]$$

$$\leqq \mathrm{E}_\xi\left[\left\|\sum_{i=1}^{N}\xi_i(u_i-m_i)\right\|^q\right]^{1/q}$$

$$\leqq 2^{1-\epsilon'}\epsilon''$$

$$\quad + \frac{1}{\epsilon''^{\epsilon'}}2^{1+\epsilon'}\overline{B}_{1/\epsilon'}\left(1+\sum_{i=1}^{N}\|u_i+m_i\|\right)^{\epsilon'}\left(\sum_{i=1}^{N}\|u_i-m_i\|^2\right)^{1/2}$$

$$= \epsilon + C_{\epsilon,\epsilon'}\left(1+\sum_{i=1}^{N}\|u_i+m_i\|\right)^{\epsilon'}\left(\sum_{i=1}^{N}\|u_i-m_i\|^2\right)^{1/2}$$

となって,(4.10) が $r=2$ と $q=1$ で成り立つ. □

以上の定理 5.5 の証明は,補題 5.2 を本質的に用いて非減少関数の集合 $U\subset BV(\mathbb{R})$ について性質 $K'_{U,2,q}$ を得たので,性質 $K_{r,q}$ については何も

言ってない．実際，後者については次の反例がある．$i=1,2,\ldots$ に対して $v_i \in BV(\mathbb{R})$ を

$$v_i(x) = \begin{cases} -1, & x<0, \text{ または} \\ & \dfrac{2k}{2^i} \leq x < \dfrac{2k+1}{2^i}, \quad k=0,1,\ldots,2^{i-1}-1, \\ 1, & x \geq 1, \text{ または} \\ & \dfrac{2k+1}{2^i} \leq x < \dfrac{2k+2}{2^i}, \quad k=0,1,\ldots,2^{i-1}-1 \end{cases} \tag{5.20}$$

で定義する．特に $|v_i(x)|=1$ がすべての自然数 i と実数 x に対して成り立つので

$$\|v_i\| = \sup_{x \in \mathbb{R}} |v_i(x)| = 1, \quad i=1,2,\ldots$$

だから，任意の $r>1$ と自然数 N に対して

$$\left(\sum_{i=1}^N \|v_i\|^r \right)^{1/r} = N^{1/r} \tag{5.21}$$

である．N を自然数として長さ N のラーデマッヘル列 $\xi_i \in \{\pm 1\}$, $i=1,2,\ldots,N$ に対して

$$y = \sum_{j=1}^N \frac{\xi_j+1}{2} 2^{-j}$$

と置くと，各 $i=1,2,\ldots,N$ に対して

$$0 \leq 2^i \sum_{j=i+1}^N \frac{\xi_j+1}{2} 2^{-j} \leq \frac{1}{2} + \frac{1}{4} + \cdots + \frac{1}{2^{N-i}} < 1$$

だから，$k = \displaystyle\sum_{j=1}^{i-1} \frac{\xi_j+1}{2} 2^{i-j-1}$ と置くと，k は 2^{i-1} 未満の非負整数で，

$$\frac{2k + \frac{1}{2}(\xi_i+1)}{2^i} \leq y < \frac{2k + \frac{1}{2}(\xi_i+1)+1}{2^i}$$

を得て，(5.20) から，

$$v_i(y) = \xi_i, \quad i=1,2,\ldots,N$$

を得る.よって $q \geqq 1$ のとき

$$\left\|\sum_{i=1}^{N}\xi_i v_i\right\| \geqq \sum_{i=1}^{N}\xi_i v_i(y) = N$$

となるから

$$\mathrm{E}_\xi\left[\left\|\sum_{i=1}^{N}\xi_i v_i\right\|^q\right]^{1/q} \geqq N$$

が成り立つ.よって $r > 1$ のとき,4.2 節の (4.7) が任意の N に対して成り立つ定数 C はないから,$BV(\mathbb{R})$ では $K_{r,q}$ はどんな $r > 1$ と $q \geqq 1$ に対しても成り立たない.

$q \geqq 1$ に対して $BV(\mathbb{R})$ は,非減少関数の集合 U について性質 $K'_{U,2,q}$ を持つが,$r > 1$ のとき性質 $K_{r,q} = K'_{BV(\mathbb{R}),r,q}$ を持たない.ヒンチンの不等式の比較的素直な一般化と考えられる $K_{r,q}$ だけではなく,醜い一般化に見える $K'_{U,2,q}$ を考えた所以である.

5.4 単調関数値に一般化したグリヴェンコ・カンテリの定理

第4章に引き続いて本章はここまで確率空間と確率変数列を脇に置いて,有界変動関数のセミノルム付き線形空間 $(BV(\mathbb{R}), \|\cdot\|)$ としての性質を見てきた.最後に確率変数列に戻って,本書前半から宿題として残っていた完全収束版グリヴェンコ・カンテリの定理(定理 1.7)を,5.3 節の定理 5.5 で扱った非減少関数の部分集合 $U \subset BV(\mathbb{R})$ に値をとる関数列に一般化して,証明する.

準備として,まず $BV(\mathbb{R})$ 値確率変数列の定義が必要である.さらに,実確率変数列の大数の完全法則で重要であった独立性と同分布性に対応する $BV(\mathbb{R})$ 値確率変数列の「良い性質」を,元々のグリヴェンコ・カンテリの定理(定理 1.5)の一般化になるように定義する必要もある.ここではその良い性質を $BV(\mathbb{R})$ 値確率変数列の独立性と同分布性と呼んで,以下のように定義する.(用語の導入に際してやや臆病な言い回しを加えた理由は第6章で触れる.)

まず,1.2 節の (1.21) で定義した実確率変数列の独立性を一般化して,実確率変数の列(集まり)の列の独立性を定義する.自然数 k と,各 $i = 1$,

$2, \ldots, k$ に対して自然数 n_i および長さ n_i の実確率変数列 $X_i = (X_{i,1}, \ldots, X_{i,n_i})$ があるとき，（列の）列 $X_1, \ldots, X_k$ が独立とは，どんな実数のボレル集合たち $G_{i,j} \in \mathcal{B}(\mathbb{R})$, $j = 1, 2, \ldots, n_i$, $i = 1, 2, \ldots, k$ についても

$$\mathrm{P}[\, X_{i,j} \in G_{i,j}, \ j = 1, 2, \ldots, n_i, \ i = 1, \ldots, k\,]$$
$$= \prod_{i=1}^{k} \mathrm{P}[\, X_{i,j} \in G_{i,j}, \ j = 1, 2, \ldots, n_i\,] \tag{5.22}$$

が成り立つことを言うことにする．1.2 節のときと同様に，X_i が無限列の場合や $X_1, X_2, \ldots$ が無限列の場合は，任意の有限部分列に対して独立のとき独立と言う．

次に，自然数 n に対して，2 つの長さ n の実確率変数列 $X = (X_1, \ldots, X_n)$ と $Y = (Y_1, \ldots, Y_n)$ が同分布とは，どんな実数のボレル集合たち $G_j \in \mathcal{B}(\mathbb{R})$, $j = 1, 2, \ldots, n$ についても

$$\mathrm{P}[\, X_j \in G_j, \ j = 1, 2, \ldots, n\,] = \mathrm{P}[\, Y_j \in G_j, \ j = 1, 2, \ldots, n\,] \tag{5.23}$$

が成り立つことを言うことにする．

本題に移って，非減少な実数上の有界変動関数の集合 $U \subset BV(\mathbb{R})$ に値をとる関数 $X \colon \Omega \to U$ が非減少 $BV(\mathbb{R})$ 値確率変数であることを（標準的ではないかもしれないが），各有理数 $q \in \mathbb{Q}$ に対して $X(q) \colon \Omega \to \mathbb{R}$ が実確率変数であることで定義する．

X が $U \subset BV(\mathbb{R})$ に値をとるので，有理数に限らず任意の $x \in \mathbb{R}$ に対して $X(x)$ は

$$X(x) = \lim_{q \to x+0;\, q \in \mathbb{Q}} X(q) \tag{5.24}$$

で定まり（実確率変数列の極限なので）実確率変数であり，$x \leqq x'$ ならば $X(x) \leqq X(x')$ である．また，

$$X(\pm \infty) = \lim_{q \to \pm\infty;\, q \in \mathbb{Q}} X(q)$$

は有界変動関数の有界性から実数値をとるので同様に実確率変数である．また，非減少性から

$$\|X\| = X(+\infty) \vee (-X(-\infty)) \tag{5.25}$$

5.4 単調関数値に一般化したグリヴェンコ・カンテリの定理

なので，$\|X\|$ も実確率変数である．特に $\mathrm{E}[\|X\|] < \infty$ のとき，$(X(x)$ は実確率変数で $|X(x)| \leqq \|X\|$ だから）各 $x \in \mathbb{R}$ に対して $\mathrm{E}[X(x)]$ が存在する．このとき非減少 $BV(\mathbb{R})$ 値確率変数 X に対して $\mathrm{E}[X] \in U$ を

$$\mathrm{E}[X](x) = \mathrm{E}[X(x)], \quad x \in \mathbb{R} \tag{5.26}$$

で定義して，X の期待値と呼ぶことにする．

有理数は可算集合であること，たとえば，以上および以下で扱う実確率変数の集合 $\{X(q) \mid q \in \mathbb{Q}\}$ は「添字の付け替えで 1 列に並べ」て実確率変数列 $\tilde{X}_1$, $\tilde{X}_2, \ldots$ とできることは既知とし，元の添字 $q \in \mathbb{Q}$ のまま実確率変数列として扱う．そして，非減少 $BV(\mathbb{R})$ 値確率変数 X と Y について $\{X(q) \mid q \in \mathbb{Q}\}$ と $\{Y(q) \mid q \in \mathbb{Q}\}$ が (5.23) の意味で同分布のとき X と Y は同分布であると言い，非減少 $BV(\mathbb{R})$ 値確率変数列 $X_1, X_2, \ldots$ について $\{X_i(q) \mid q \in \mathbb{Q}\}$, $i = 1, 2, \ldots$ が (5.22) の意味で独立のとき非減少 $BV(\mathbb{R})$ 値確率変数列 X_1, $X_2, \ldots$ は独立であると言うことにする．

定理 5.6 $\mathrm{E}[\|X\|^2] < \infty$ を満たす非減少 $BV(\mathbb{R})$ 値確率変数 $X: \Omega \to U$ があって，自然数 N と $k = 1, 2, \ldots, N$ に対して非減少 $BV(\mathbb{R})$ 値確率変数 $X_k^{(N)}: \Omega \to U$ が X と同分布で，各自然数 N に対して $X_1, X_2, \ldots, X_N$ が独立とする．

このとき，偏差 $X_k^{(N)} - \mathrm{E}[X_k^{(N)}]$ の算術平均が 0 に一様評価のノルムで完全収束する．すなわち，

$$\sum_{N=1}^{\infty} \mathrm{P}\left[\frac{1}{N}\left\|\sum_{k=1}^{N}(X_k^{(N)} - \mathrm{E}[X_k^{(N)}])\right\| > \epsilon\right] < \infty \tag{5.27}$$

が任意の正数 ϵ に対して成り立つ $\diamond$

証明 $\epsilon > 0$ を任意に固定する．$Y^{(N)} = \dfrac{1}{N}\sum_{k=1}^{N} X_k^{(N)}$ と置くと $Y^{(N)} \in U$ である．$Y^{(N)}$ が非減少関数値なので

$$\mathrm{E}[Y^{(N)}] = \frac{1}{N}\sum_{k=1}^{N}\mathrm{E}[X_k^{(N)}] = \mathrm{E}[X]$$

も非減少関数だから，補題 5.2 で $m = \mathrm{E}[X]$ と置いて ϵ を $\frac{1}{2}\epsilon$ に置き換えると，(5.25) と同分布性の仮定から，$0 \leqq K < \frac{4}{\epsilon}\mathrm{E}[\|X\|]$ を満たす自然数 K と非減少実数列 $x_1 \leqq x_2 \leqq \cdots \leqq x_K$ が存在して，任意の N と k と $\omega \in \Omega$ に対して (5.4) から

$$\left\| Y_k^{(N)}(\omega, x) - \mathrm{E}[Y_k^{(N)}(x)] \right\|$$
$$\leqq \frac{1}{2}\epsilon + \bigvee_{j=0}^{K} (|Y^{(N)}(\omega, x_j) - \mathrm{E}[Y^{(N)}(x_j)]|$$
$$\vee |Y^{(N)}(\omega, x_{j+1} - 0) - \mathrm{E}[Y^{(N)}(x_{j+1} - 0)]|)$$

が成り立つ．よって，

$$\left\{ \frac{1}{N} \left\| \sum_{k=1}^{N}(X_k^{(N)} - \mathrm{E}[X_k^{(N)}]) \right\| > \epsilon \right\} = \left\{ \left\| Y^{(N)} - \mathrm{E}[Y^{(N)}] \right\| > \epsilon \right\}$$
$$\subset \bigcup_{j=0}^{K} \left\{ \left| \frac{1}{N} \sum_{k=1}^{N}(X_k^{(N)}(x_j) - \mathrm{E}[X_k^{(N)}(x_j)]) \right| > \frac{1}{2}\epsilon \right\}$$
$$\cup \bigcup_{j=0}^{K} \left\{ \left| \frac{1}{N} \sum_{k=1}^{N}(X_k^{(N)}(x_{j+1} - 0) - \mathrm{E}[X_k^{(N)}(x_{j+1} - 0)]) \right| > \frac{1}{2}\epsilon \right\}.$$

K が $\omega \in \Omega$ によらないことと劣加法性を用いると，

$$\mathrm{P}\left[\frac{1}{N} \left\| \sum_{k=1}^{N}(X_k^{(N)} - \mathrm{E}[X_k^{(N)}]) \right\| > \epsilon \right]$$
$$\leqq \sum_{j=0}^{K} \mathrm{P}\left[\left| \frac{1}{N} \sum_{k=1}^{N}(X_k^{(N)}(x_j) - \mathrm{E}[X_k^{(N)}(x_j)]) \right| > \frac{1}{2}\epsilon \right]$$
$$+ \sum_{j=0}^{K} \mathrm{P}\left[\left| \frac{1}{N} \sum_{k=1}^{N}(X_k^{(N)}(x_{j+1} - 0) - \mathrm{E}[X_k^{(N)}(x_{j+1} - 0)]) \right| > \frac{1}{2}\epsilon \right].$$

仮定と一様評価のノルムの定義から，$j = 0, 1, \ldots, K$ について，$\mathrm{E}[X(x_j)^2] \leqq \mathrm{E}[\|X\|^2] < \infty$ と $\mathrm{E}[X(x_j - 0)^2] \leqq \mathrm{E}[\|X\|^2] < \infty$ が成り立つ．次数につい

5.4 単調関数値に一般化したグリヴェンコ・カンテリの定理

ての単調性 (1.19) から,特に $X(x_j)$ と $X(x_j - 0)$ たちは期待値と分散を持つ(有限である). $X_k^{(N)}$ と $X^{(N)}$ の同分布性から,各 x_j と $x_j - 0$ ごとに実確率変数列の大数の完全法則が成り立つ.定理 3.1 の (3.4) から,

$$\sum_{N=1}^{\infty} \mathrm{P}\left[\left|\frac{1}{N}\sum_{k=1}^{N}(X_k^{(N)}(x_j) - \mathrm{E}[X_k^{(N)}(x_j)])\right| > \frac{1}{2}\epsilon\right] < \infty$$

が各 j について成り立ち,$x_j - 0$ での実確率変数列についても同様なので,K が(ϵ だけで決まって)N によらないことにも注意すると,

$$\sum_{N=1}^{\infty} \mathrm{P}\left[\frac{1}{N}\left\|\sum_{k=1}^{N}(X_k^{(N)} - \mathrm{E}[X_k^{(N)}])\right\| > \epsilon\right]$$
$$\leqq \sum_{j=0}^{K}\sum_{N=1}^{\infty} \mathrm{P}\left[\left|\frac{1}{N}\sum_{k=1}^{N}(X_k^{(N)}(x_j) - \mathrm{E}[X_k^{(N)}(x_j)])\right| > \frac{1}{2}\epsilon\right]$$
$$+ \sum_{j=0}^{K}\sum_{N=1}^{\infty} \mathrm{P}\left[\left|\frac{1}{N}\sum_{k=1}^{N}(X_k^{(N)}(x_{j+1} - 0) - \mathrm{E}[X_k^{(N)}(x_{j+1} - 0)])\right| > \frac{1}{2}\epsilon\right]$$
$$< \infty$$

となって,(5.27) を得る. □

$BV(\mathbb{R})$ は性質 $K'_{U,2,q}$ を持つが $r > 1$ について $K_{r,q}$ を持たないという 5.3 節の結論は,定理 5.6 において非減少関数値であることが本質で,一般の有界変動関数に値をとる場合は,算術平均が一様概収束するとは限らない可能性を示唆すると考えるが,筆者は成否どちら向きにも証明を持っていない.

1.5 節以来宿題になっていた定理 1.7(完全収束版グリヴェンコ・カンテリの定理)は定理 5.6 の例である.

定理 1.7 の証明 定理の仮定どおり,$Z_k^{(N)}, k = 1, 2 \ldots, N, N \in \mathbb{N}$ が独立同分布実確率変数列で Z と同分布とし,各 N と k に対して

$$X_k^{(N)}(x) = \mathbf{1}_{(-\infty,x]}(Z_k^{(N)}) \tag{5.28}$$

によって,非減少関数の集合 $U \subset BV(\mathbb{R})$ に値をとる Ω 上の関数 $X_k^{(N)}: \Omega \to U$ を定義する.各 $x \in \mathbb{R}$ に対して $X_k^{(N)}(x)$ は値域が $\{0, 1\}$ で $\{X_k^{(N)}(x) =$

$1\} = \{Z_k^{(N)} \leqq x\}$ だから可測(実確率変数)である.この対応と,仮定によって $Z_1^{(N)}, Z_2^{(N)}, \ldots, Z_N^{(N)}$ が実独立確率変数列であることから,$\{X_k^{(N)}(q),$ $q \in \mathbb{Q}\}$, $k = 1, 2, \ldots, N$ は独立である.また,各 $Z_k^{(N)}$ が Z と同分布なので,$X_k^{(N)}$ は $X = \mathbf{1}_{(-\infty,x]}(Z)$ で定義される $X: \Omega \to U$ と同分布であり,定義から $0 \leqq X \leqq 1$ なので $\mathrm{E}[\|X\|^2] \leqq 1 < \infty$ である.よって,定理 5.6 の仮定をすべて満たすので,(5.27) から,

$$\sum_{N=1}^\infty \mathrm{P}\left[\frac{1}{N}\left\|\sum_{k=1}^N (X_k^{(N)} - \mathrm{E}[X_k^{(N)}])\right\| > \epsilon\right] < \infty$$

である.(5.28) を代入すると,

$$\sum_{N=1}^\infty \mathrm{P}\left[\sup_{x\in\mathbb{R}}\frac{1}{N}\left|\sum_{k=1}^N (\mathbf{1}_{(-\infty,x]}(Z_k^{(N)}) - \mathrm{E}[\mathbf{1}_{(-\infty,x]}(Z_k^{(N)})])\right| > \epsilon\right] < \infty,$$

すなわち,グリヴェンコ・カンテリの定理(の完全収束版)が成り立つ. □

定理 5.6 に戻って,その 2 変数関数への一般化の例として,増分(差分)$X(x_2) - X(x_1)$ と同様の単調性を持つ関数に値をとる確率変数列についての [13] の結果を紹介する.以下 [13] に記号を合わせて x を t などと書き,$T > 0$ を固定して $\Delta = \{(t_1, t_2) \in \mathbb{R}^2 \mid 0 \leqq t_1 \leqq t_2 \leqq T\}$ と置く.(定理 5.6 は $BV(\mathbb{R})$ 値確率変数列を扱ったが,$\mathbb{R}$ を $[0, T]$ に置き換えても成り立つ.対照的に [13] の結果は以下で注意する別の制約と同様の理由で有界区間 $[0, T]$ を無限区間に広げることができない.)定理 5.6 の U に対応する 2 変数関数の集合 $\mathcal{D}$ を,$(t_1, t_2) \in \Delta$ に対して t_1 について非増加 t_2 について非減少,各変数について右連続で $y(t, t) = 0$, $t \in [0, T]$ を満たす $y: \Delta \to \mathbb{R}_+$ たちすべてを集めた集合とする.段落始めに書いたとおり,$z \in U$ に対して増分 $y(t_1, t_2) = z(t_2) - z(t_1)$ は $y \in \mathcal{D}$ の例である.$\mathcal{D}$ 値確率変数 $X: \Omega \to \mathcal{D}$ は,U 値(非減少 $BV(\mathbb{R})$ 値)確率変数と同様に有理点での値の列で定義する.増分については 1 変数の定理 5.6 に帰着するが,たとえば交通量調査で時間 $(t_1, t_2]$ に車が通過する事象(集合)を $A(t_1, t_2) \subset \Omega$ と置くとき,その定義関数 $X(t_1, t_2) = \mathbf{1}_{A(t_1, t_2)}$ で定義される $X: \Omega \to \mathcal{D}$ は 1 変数関数の差で書けない.さらに車の通過が独立増分でなければ $t_1 = 0$ に確率の意味で帰着する

5.4 単調関数値に一般化したグリヴェンコ・カンテリの定理　　　133

こともできず，定理 5.6 に帰着しない $\mathcal{D}$ 値確率変数列への一般化に意味がある．これについて次の結果がある．

定理 5.7 ([13, Theorem 1])　$r > 0$ および $q > 2$ が $(q^2 - 2q - 2)r > 2$ を満たすとし，$w \geqq 0$ とする．各自然数 N に対して $X_i^{(N)}$, $i = 1, 2, \ldots, N$ は独立 $\mathcal{D}$ 値確率変数列とし，すべての N と i に対して $X_i^{(N)}$ は X と同分布とし，X は $\mathrm{E}[X(0,T)^q]^{1/q} < \infty$ および

$$|\mathrm{E}[X(t_1,t_2) - X(s_1,s_2)]| \leqq Mw(|t_1 - s_1|^r + |t_2 - s_2|^r),$$
$$(s_1,s_2),(t_1,t_2) \in \Delta \quad (5.29)$$

を満たすとする．このとき，偏差 $X_i^{(N)} - \mathrm{E}[X_i^{(N)}]$, $i = 1, 2, \ldots, N$ の算術平均は 2 変数の一様評価のノルムに関して 0 に完全収束する．すなわち，

$$\sum_{N \geqq 1} \mathrm{P}\left[\sup_{(t_1,t_2) \in \Delta}\left|\frac{1}{N}\sum_{i=1}^N (X_i^{(N)}(t_1,t_2) - \mathrm{E}[X_i^{(N)}(t_1,t_2)])\right| > \epsilon\right] < \infty$$

が任意の $\epsilon > 0$ に対して成り立つ． 　　　　　　　　　　　　　　　　$\diamond$

独立実確率変数列の大数の完全法則と同様に，同分布でない方向に仮定を緩めることができ，収束の速さに関連するより精密な評価もある．それらを含めた定理 5.7 の証明は [13] に委ねる．

定理 5.7 を定理 5.6 と比べると，期待値のヘルダー連続性の仮定 (5.29) が余分である．([13] の補遺の定理 5.6 に対応する結果には余分な仮定がついているが，証明を少し見やすくするためのものであり，定理 5.6 のとおり，1 変数関数では連続性に関する仮定は不要である．) [13] の証明ではこの仮定は定理 5.6 の証明において一様評価のノルムを有限個の点での絶対値で近似する補題 5.2 に対応する近似定理の成立のための仮定である．近似定理の制約なので，ヘルダー連続性を仮定せず単調性だけを仮定した場合は $K'_{U,r,q}$ の成立も見通せない．この仮定の近似定理の証明における位置をフラクタル科学の言葉で言うと，$\mathbb{R}$ は finitely ramified だが $\mathbb{R}^2$ は infinitely ramified であるということに行き着く．この仮定は [13] を [14] で用いる際は満たされるので，

134 第5章 有界変動関数の空間と一般化したグリヴェンコ・カンテリの定理

現時点で何かの障害になっている事実はないが，一般化という視点からは不自然に見える．定理 5.7 でこの仮定を回避できるのか，逆にこの仮定は自然な意味を持つのか，そもそも定理 5.6 の 2 変数関数値への一般化として関数の集合 $\mathcal{D}$ が不自然なのか，筆者は知らない．

[14] は，[11] で紹介した確率順位付け模型の一般化で，強度が位置依存性を持つ確率順位付け模型の流体力学極限の研究である．確率順位付け模型は人気や流行を反映する順位付けの単純な数理モデルで，たとえば web 小売業の売上ランキングのような巨大な即時的な順位付けにおいて，アルゴリズムなどの具体的な状況に関係なく，（人気のない下位が）従うと考えられる単純な相互作用する確率過程列（粒子系）の模型である．個々のポワソン過程についての確率積分で書かれる確率過程が個別の商品の順位を表し，ポワソン過程の強度は平均的な人気度を与える．強度が位置依存性を持ちうる一般化は，ランキングの可視化が宣伝材料になるという世間に流れる推測を検証するためのモデルである．強度が位置依存性を持つと極限をポワソン過程で書くことができず，[15] の，非独立増分な，強度が直前の到着時刻に依存する点過程に一般化される．ここに定理 5.7 の応用場面がある．具体的には，流体力学極限が等しく，かつ，独立確率変数列に基づく中間的なモデル（流れに従う確率順位付け模型）に定理 5.7 を用いる．2.5 節の最後に触れたように完全収束という強い収束なので，本来の模型を摂動として扱う際の評価が楽になる．

5.5　L^p 空間は性質 $K_{2 \wedge p, q}$ を持つ

本書前半からの宿題を片付けたこの機会に，グリヴェンコ・カンテリの定理や有界変動関数と無関係なやや細かい話で申し訳ないが，補足を差し挟むことをお許しいただきたい．

一般化ヒンチンの不等式 $K_{r,q} = K'_{V,r,q}$ と $K'_{U,r,q}$ について，有限次元線形空間 $V = \mathbb{R}^d$ は（任意のセミノルムと $q \geqq 1$ について）性質 $K_{2,q} = K'_{V,2,q}$ を持つことを 4.4 節で証明し，一様評価のノルム付き有界変動関数の空間 $(V, \|\cdot\|) = (BV(\mathbb{R}), \|\cdot\|)$ は（U を非減少関数の部分集合としたとき任意の

5.5 L^p 空間は性質 $K_{2\wedge p,q}$ を持つ

$q \geqq 1$ について）性質 $K'_{U,2,q}$ を持つことを 5.3 節で証明した．いずれも（最強の）$r = 2$ で成り立つ．

$r < 2$ にも定義を広げる理由は，$p \geqq 1$ のとき L^p 空間は $r = p \wedge 2$ として性質 $K_{r,q}$ を持つことによる．内容的には第 4 章に置くのが適切な補足だが，本書前半の宿題だったグリヴェンコ・カンテリの定理の一般化の証明を優先した．以下，L^p 空間についてなじみがあることを仮定して説明する．$\xi_k, k \in \mathbb{N}$ を 3.2 節冒頭で導入したラーデマッヘル列とし，E_ξ を (4.6) のとおりラーデマッヘル列についての算術平均とする．

補題 5.8 p を正の実数，N と k を自然数とし，$x_{i,j} \in \mathbb{R}, i = 1, \ldots, N, j = 1, \ldots, k$ とするとき，

$$\mathrm{E}_\xi\left[\prod_{j=1}^k \left|\sum_{i=1}^N \xi_i x_{i,j}\right|^p\right] \leqq \prod_{j=1}^k \mathrm{E}_\xi\left[\left|\sum_{i=1}^N \xi_i x_{i,j}\right|^{pk}\right]^{1/k} \tag{5.30}$$

が成り立つ． ◇

証明 $k = 1$ は自明．以下 $X_j = \left|\sum_{i=1}^N \xi_i x_{i,j}\right|^p$ と略記する．

$k = 2$ のときは命題 2.5 で $\mathrm{E}[\,\cdot\,] = \mathrm{E}_\xi[\,\cdot\,], X = X_1, Y = X_2, p = 2$ とすると成り立つ．(5.30) が k で成り立つとして，命題 2.5 で $X = X_{k+1}, Y = \prod_{j=1}^k X_j$, $p = k+1, q = 1 + \dfrac{1}{k}$ と置いたものを用いた後に帰納法の仮定を用いると，

$$\mathrm{E}_\xi\left[\prod_{j=1}^{k+1}\left|\sum_{i=1}^N \xi_i x_{i,j}\right|^p\right] \leqq \mathrm{E}_\xi\bigl[\,|X_{k+1}|^{k+1}\bigr]^{1/(k+1)} \mathrm{E}_\xi\left[\prod_{i=1}^k |X_i|^{(k+1)/k}\right]^{k/(k+1)}$$

$$\leqq \mathrm{E}_\xi\bigl[\,|X_{k+1}|^{k+1}\bigr]^{1/(k+1)} \prod_{i=1}^k \mathrm{E}_\xi\bigl[\,|X_i|^{k+1}\bigr]^{1/(k+1)}$$

となって $k \mapsto k+1$ でも成り立つ． □

S を集合，μ を S 上の σ 有限な測度とする．（σ 有限の仮定は定理 5.9 の証明で L^p ノルムのべき乗を多重積分で計算するためのフビニの定理で使う．）

p を正の実数とし，S 上の実数値関数 $v\colon S \to \mathbb{R}$ に対して

$$\|v\|_p = \left(\int_S |v(s)|^p\, \mu(ds)\right)^{1/p} \tag{5.31}$$

と置き，

$$V = L^p(S, \mu) = \{v\colon S \to \mathbb{R} \mid \|v\|_p < \infty\} \tag{5.32}$$

とする．

$p \geqq 1$ のとき $\|v\|_p$ が $L^p(S, \mu)$ のセミノルムであることは定義 (4.2) から証明できる．通常は，$\|v - v'\|_p = 0$ で同値関係 $v \sim v'$ を定義して $\sim$ についての同値類を $L^p(S, \mu)$ と書き，$\|v\|_p$ をその上のノルムとするが，本書では一意性は扱わないので剰余類はとらない．他方，剰余類を考えても以下は成り立つので，通常の記号 $(L^p(S, \mu), \|\cdot\|_p)$ を流用する．また，性質 $K_{r,q}$ はノルムについての収束を扱わないので，S の位相や可分性は本節では関係ない．$0 < p < 1$ のとき $\|\cdot\|$ はセミノルムではないが性質 $K_{2 \wedge p,q}$ 自体は線形空間の有限項の算術平均に関する不等式なので意味を持つ．

定理 5.9 ($L^p(S,\mu)$ **は性質** $K_{2 \wedge p,q}$ **を持つ**)　(S, μ) を σ 有限な測度空間，$(V, \|\cdot\|) = (L^p(S, \mu), \|\cdot\|_p)$ を (5.31) と (5.32) で定義したセミノルム付き線形空間とし，$\xi_k, k \in \mathbb{N}$ をラーデマッヘル列，E_ξ を (4.6) のとおりとする．このとき，任意の正の実数 p と q と自然数 N と長さ N の関数列 $v_i \in L^p(S, \mu), i = 1, 2, \ldots, N$ に対して，

$$\mathrm{E}_\xi\left[\left\|\sum_{i=1}^N \xi_i v_i\right\|_p^q\right]^{1/q} \leqq \overline{B}_{pk'}\left(\sum_{i=1}^N \|v_i\|_p^{2 \wedge p}\right)^{1/(p \wedge 2)} \tag{5.33}$$

が成り立つ．ここで，$k' = \min\{n \in \mathbb{N} \mid np \geqq q\}$ と置き，$r > 0$ に対して $\overline{B}_r$ は定理 3.2 (実数列のヒンチンの不等式) の (3.13)，$\overline{B}_r = \sqrt{k_r}$; $k_r = \min\{n \in \mathbb{N};\ 2n \geqq r\}$ である．すなわち $V = L^p$ は性質 $K_{2 \wedge p,q}$ を持つ．　◇

証明　次数についての単調性 (1.19) を用いてから，(S, μ) の k' 重の直積測度についてのフビニの定理と補題 5.8 を用い，もう一度フビニの定理で多重積

5.5 L^p 空間は性質 $K_{2\wedge p, q}$ を持つ

分を逐次積分に直すと，

$$\mathrm{E}_\xi\left[\left\|\sum_{i=1}^N \xi_i v_i\right\|_p^q\right]^{1/q} = \mathrm{E}_\xi\left[\left(\int_S \left|\sum_{i=1}^N \xi_i v_i(s)\right|^p \mu(ds)\right)^{q/p}\right]^{1/q}$$

$$\leqq \mathrm{E}_\xi\left[\left(\int_S \left|\sum_{i=1}^N \xi_i v_i(s)\right|^p \mu(ds)\right)^{k'}\right]^{\frac{1}{pk'}}$$

$$= \left(\int_{S^{k'}} \mathrm{E}_\xi\left[\prod_{j=1}^{k'}\left|\sum_{i=1}^N \xi_i v_i(s_j)\right|^p\right]\prod_{j=1}^{k'}\mu(ds_j)\right)^{\frac{1}{pk'}}$$

$$\leqq \left(\int_{S^{k'}} \prod_{j=1}^{k'}\mathrm{E}_\xi\left[\left|\sum_{i=1}^N \xi_i v_i(s_j)\right|^{pk'}\right]^{1/k'}\prod_{j=1}^{k'}\mu(ds_j)\right)^{\frac{1}{pk'}}$$

$$= \left(\int_S \mathrm{E}_\xi\left[\left|\sum_{i=1}^N \xi_i v_i(s)\right|^{pk'}\right]^{1/k'}\mu(ds)\right)^{1/p}$$

となるので，実数値のヒンチンの不等式（定理 3.2）から，

$$\mathrm{E}_\xi\left[\left\|\sum_{i=1}^N \xi_i v_i\right\|_p^q\right]^{1/q} \leqq \overline{B}_{pk'}\left(\int_S \left(\sum_{i=1}^N v_i(s)^2\right)^{p/2}\mu(ds)\right)^{1/p} \tag{5.34}$$

を得る．

$p \geqq 2$ のとき，$\|\cdot\|_{p/2}$ がセミノルムなので，三角不等式を (5.34) の右辺に用いると，

$$\mathrm{E}_\xi\left[\left\|\sum_{i=1}^N \xi_i v_i\right\|_p^q\right]^{1/q} \leqq \overline{B}_{pk'}\left\|\sum_{i=1}^N v_i^2\right\|_{p/2}^{1/2}$$

$$\leqq \overline{B}_{pk'}\left(\sum_{i=1}^N \|v_i^2\|_{p/2}\right)^{1/2} = \overline{B}_{pk'}\left(\sum_{i=1}^N \|v_i\|_p^2\right)^{1/2}$$

なので (5.33) が成り立つ．（途中の v_i^2 は s での値が $v_i(s)^2$ の関数．）

$0 < p < 2$ のときは, (2.1) から得られる $\left(\sum_{i=1}^{N} v_i(s)^2\right)^{p/2} \leqq \sum_{i=1}^{N} |v_i(s)|^p$ を (5.34) に用いると,

$$\mathrm{E}_\xi \left[\left\|\sum_{i=1}^{N} \xi_i v_i\right\|_p^q\right]^{1/q} \leqq \overline{B}_{pk'} \left(\sum_{i=1}^{N} \int_S |v_i(s)|^p \mu(ds)\right)^{1/p}$$

$$= \overline{B}_{pk'} \left(\sum_{i=1}^{N} \|v_i\|_p^p\right)^{1/p} \tag{5.35}$$

なので (5.33) が成り立つ. □

定理 5.9 において $0 < p < 1$ のとき主張の $\|\cdot\|_p$ はセミノルムではないが, 証明にはこれがセミノルムであることは用いていない.

$0 < p < 2$ のときの最後の (5.34) から (5.35) への変形について, $v_i = v$ が i によらないとき (5.34) と (5.35) の右辺はそれぞれ $\overline{B}_{pk'} N^{1/2} \|v\|_p$ と $\overline{B}_{pk'} N^{1/p} \|v\|_p$ なので N について損をしている. しかし, 互いに共有点を持たない S の測度正の部分集合の列 $S_i, i \in \mathbb{N}$ があれば, $p > 0$ に対して,

$$v_i = v_i^{(p)} = \frac{1}{\mu(S_i)^p} \mathbf{1}_{S_i} \colon S \to \mathbb{R}, \quad i = 1, 2, \ldots \tag{5.36}$$

と置くと, 各 $i \in \mathbb{N}$ に対して $\left\|\xi_i v_i^{(p)}\right\|_p = \left\|v_i^{(p)}\right\|_p = 1$ であって, かつ, $j \neq i$ のとき $v_i^{(p)} v_j^{(p)} = 0$ であることから,

$$\left\|\sum_{i=1}^{N} \xi_i v_i^{(p)}\right\|_p = \left(\int_S \left|\sum_{i=1}^{N} \xi_i v_i^{(p)}(s)\right|^p \mu(ds)\right)^{1/p}$$

$$= \left(\sum_{i=1}^{N} \int_S \left|v_i^{(p)}(s)\right|^p \mu(ds)\right)^{1/p} = \left(\sum_{i=1}^{N} \left\|v_i^{(p)}\right\|_p^p\right)^{1/p} = N^{1/p}$$

から (5.35) の右辺は $\overline{B}_{pk'} N^{1/p}$ で, (5.34) の右辺も同様の変形でこれに等しいので変形は等式変形であり, (5.36) の無限列がとれる V では, 列のとり方によらない評価として N の次数について最善である.

5.5 L^p 空間は性質 $K_{2\wedge p,q}$ を持つ

定理 5.9 において $p=1$ の場合は $\|\cdot\|_p$ がセミノルムだが $K_{r,q}$ が $r>1$ で言えないために，この結果だけからは「正負の打ち消し」について何も言えない．実際，(5.36) の例で $p=1$ を考えると，(4.7) の左辺は N，右辺は $CN^{1/r}$ なので，$r>1$ では N と $\{v_i\}$ について一様に C をとることができないので，$K_{r,q}$ の反例となる．要約すると，$V=L^1(S,\mu)$ において，L^1 ノルムが 1 の S 上の実数値関数で台が重複しないものが無限個共存すると，一般化ヒンチンの不等式 $K_{r,q}$ が $r>1$ で成り立たない．

d 次元線形空間 $\mathbb{R}^d$ は S の要素の数が d のときの S 上の関数の集合が

$$v = \begin{pmatrix} v_1 \\ \vdots \\ v_d \end{pmatrix} \quad \Leftrightarrow \quad v\colon \{1,\ldots,d\} \ni i \mapsto v(i) := v_i \in \mathbb{R} \tag{5.37}$$

によって対応するので，有限次元線形空間では (5.36) の無限列は作れず，($\|\cdot\|_1$ を含めて) 任意のセミノルムに対して $V=\mathbb{R}^d$ が性質 $K_{2,q}$ を持つという 4.4 節の結果と以上の議論は矛盾しない．さらにこの場合に定理 5.9 の証明がどこで損をしているか調べると，(5.34) までは重大な損はなく，$0<p<2$ のとき (5.34) から (5.35) を導く際に損をする．実際，$\sharp S = d < \infty$ のときは (5.34) に対して，s についての被積分関数に (2.1) を用いる代わりに，s についての積分が有限和であることに注意して命題 2.1 の最初の不等式を $p \mapsto \dfrac{2}{p}$ として用いて

$$\int_S \left(\sum_{i=1}^n v_i(s)^2\right)^{p/2} \mu(ds) \leqq C_{p,d} \left(\int_S \sum_{i=1}^n v_i(s)^2 \mu(ds)\right)^{p/2}$$
$$= C_{p,d} \left(\sum_{i=1}^n \|v_i\|_2^2\right)^{p/2}$$

とするのが適切で，この評価から，S が有限集合ならば $K_{r,q}$ が $r = p \wedge 2$ ではなく $r=2$ で成り立つことがわかる．$C_{p,d}$ は命題 2.1 の最初の不等式を d 回用いる際の定数なので $d = \sharp S$ が大きいと大きくなり，S が無限集合のときはこの議論は破綻し，(5.36) が (条件を満たす) $L^1(S,\mu)$ で $r>1$ なる $K_{r,q}$ の反例になることとも矛盾しない．

定理 5.9 と次章の定理 6.4 によって，$p > 1$ のとき，6.3 節の設定が成り立つような $L^p(S)$ に値をとる Ω 上の関数列に対して，一般化した大数の完全法則が成り立つ．

第6章
一般化ヒンチンの不等式と線形空間値大数の完全法則

6.1 パンドラの箱

　ここまでは（ややマニアックかもしれないとはいえ）確率論の基礎事項であったが，最後にパンドラの箱を開ける．（やや進んだ教科書の脚注に残っているという意味では，地獄の釜の蓋を開けて封印された昔の議論を召喚すると書くべきか．）本章は，意義を感じない（または判断できない）読者には勧めない．

　本書前半では実確率変数列，すなわち，Ω 上の可測関数としては値域が実数 $\mathbb{R}$ であるものとその列だけを考えた．第4章から5.3節では，一般のセミノルム付き線形空間 $(V, \|\cdot\|)$ について $K'_{U,r,q}$ などのヒンチンの不等式の一般化を考察したが，確率空間 $(\Omega, \mathcal{F}, P)$ や確率変数と無関係に V だけで決まる性質であった．5.4節で初めて $\mathbb{R}$ 以外の線形空間 $V = BV(\mathbb{R})$ に対して V 値確率変数列という言葉を持ち込んだが，その際も（有理点での値 $X(q)$ という）実確率変数列をもって V 値確率変数と呼び，列の列は列（可算集合）であることによって，独立 V 値確率変数列も実確率変数列によって定義した．

　確率変数列の収束を扱う上で自然な定義は，まず，V の（$\|\cdot\|$ で決まる）開集合を含む最小の σ 加法族をボレル σ 加法族 $\mathcal{B}(V)$ と呼び，実確率変数の定義 (1.10) を V 値関数に一般化して，

$$X^{-1}(G) \in \mathcal{F}, \quad G \in \mathcal{B}(V) \tag{6.1}$$

を満たす V 値関数 $X: \Omega \to V$ を V 値確率変数と呼ぶことであろう．

　このようにしなかったのは，非可分空間値ボレル可測関数の扱いは困難が

知られているからである．1.2 節の (1.10) で実確率変数について復習したことに従って確率変数の値の分布の言葉で言い換えると，非可分空間上のボレル確率測度の扱いの困難である．（もう少し立ち入ると，直接関係するのは非可分性よりも第 2 可算公理の成立だが，距離空間の場合は可分と同値である．）

可分とは，稠密な可算部分集合があることを言う．たとえば $\mathbb{R}$ は有理数をすべて集めた集合が稠密な可算集合なので可分であるが，一様評価のノルム付きの有界変動関数の線形空間 $(BV(\mathbb{R}), \|\cdot\|)$ は非可分である．それどころか，グリヴェンコ・カンテリの定理で扱った $X(\cdot) = \mathbf{1}_{Z \leqq \cdot} : \Omega \to BV(\mathbb{R})$ の値域を $A = \{\mathbf{1}_{\cdot \geqq a} \mid a \in \mathbb{R}\} \subset BV(\mathbb{R})$ と置くと，$(BV(\mathbb{R}), \|\cdot\|)$ の中の列で A に稠密なものはない．実際，$0 < r \leqq \dfrac{1}{2}$ を満たす実数 r を固定したとき，$v_i \in BV(\mathbb{R}), i = 1, 2, \ldots$ があって，任意の $v \in A$ に対して $\|v - v_i\| < r$ を満たす $i = i(r)$ があるとすると，A は実数と濃度が等しい非可算集合なので，ある i と $v^{(1)} \neq v^{(2)}$ なる $v^{(1)} \in A$ と $v^{(2)} \in A$ があって $\|v^{(j)} - v_i\| < r, j = 1, 2$ でなければならない．このとき

$$\left\|v^{(1)} - v^{(2)}\right\| \leqq \left\|v^{(1)} - v_i\right\| + \left\|v^{(2)} - v_i\right\| < 2r < 1$$

となって，$v^{(1)} \in A$ と $v^{(2)} \in A$ が $v_1 \neq v_2$ ならば

$$\left\|v^{(1)} - v^{(2)}\right\| = \sup_{x \in \mathbb{R}} |v^{(1)}(x) - v^{(2)}(x)| = 1$$

であることに矛盾する．

対照的に，たとえば区間 $[0, 1]$ 上の連続関数の集合は一様評価のノルムに関して可分である．たとえば有理数係数の多項式の集合は可算集合で，区間上の連続関数に対して一様収束する近似列がとれる．

セミノルム付き線形空間 $(V, \|\cdot\|)$（より一般には位相空間）が非可分集合のときの困難についての [1, App. M, (11) への脚注] を紹介する準備として，確率空間 $(\Omega, \mathcal{F}, \mathrm{P})$ 上の非可分なセミノルム付き線形空間 $(V, \|\cdot\|)$ に値をとるボレル可測関数（確率変数）は構成できるとして，独立 V 値確率変数列の構成（存在）を問う．値の分布に直すと，結合分布，すなわち，直積空間 $V^2 = V \times V$ 上の直積確率測度である．

6.1 パンドラの箱

大数の強法則や完全法則は，確率変数の算術平均が期待値を中心とする小さな球に入る確率が高いことを言う必要があるので，直積確率測度の定義域が V^2 の開集合たちを含むこと，すなわち，ボレル σ 加法族 $\mathcal{B}(V^2)$ であることが望ましい．球と言うからには V^2 に（擬）距離が必要だが，たとえば命題 4.4 の後に例示した (4.29) と (4.30) に基づいて，

$$d_{V^2}((v_1,v_2),(v_1',v'2)) = \|v_1 - v_1'\| \vee \|v_2 - v_2'\| \tag{6.2}$$

を採用できて，V^2 の開球 $B_r(v_1, v_2)$ は

$$\begin{aligned}B_r(v_1, v_2) &= \{(v_1', v_2') \in V^2 \mid \|v_1 - v_1'\| < r,\ \|v_2, v_2'\| < r\} \\ &= B_r(v_1) \times B_r(v_2)\end{aligned} \tag{6.3}$$

となる．あるいは，V が線形空間のとき $V^2 = V \times V$ も自然に線形空間であることに注意して，

$$\|(v_1, v_2)\|_{V^2} = \|v_1\| \vee \|v_2\|$$

と置くと，これが V^2 のセミノルムであることは定義 (4.2) を直接確かめることでわかり，このセミノルムから (4.1) で得る擬距離が (6.2) であることも直接わかる．

独立確率変数列に話を戻して，独立実確率変数列の定義を素直に一般化するならば，V 値確率変数（ボレル可測関数）$X \colon \Omega \to V$ と $Y \colon \Omega \to V$ が独立であるとは

$$\mathrm{P}[X \in A,\ Y \in B] = \mathrm{P}[X \in A]\mathrm{P}[Y \in B], \quad A, B \in \mathcal{B}(V) \tag{6.4}$$

が成り立つことを言うとすべきだろう．ここで $A, B \in \mathcal{B}(V)$ に対して矩形集合を $A \times B = \{(x, y) \in V^2 \mid x \in A,\ y \in B\}$ と書くと，$\mathrm{P}[(X, Y) \in A \times B] = \mathrm{P}[X \in A,\ Y \in B]$ なので，X と Y それぞれの分布 $Q_X = \mathrm{P} \circ X^{-1}$ と $Q_Y = \mathrm{P} \circ Y^{-1}$ が与えられたとき（つまり，単独の V 値確率変数は構成できると仮定したとき），独立性の定義は結合分布 $Q = \mathrm{P} \circ (X, Y)^{-1}$ が

$$Q(A \times B) = Q_X(A)\, Q_Y(B), \quad A, B \in \mathcal{B}(V) \tag{6.5}$$

を満たすこと,すなわち,結合分布が個々の分布の直積確率測度であることと書き換えられる.矩形集合の族を包含する最小の σ 加法族を

$$\mathcal{B}(V) \times \mathcal{B}(V) := \sigma[\{A \times B \subset V^2 \mid A, B \in \mathcal{B}(V)\}]$$

と書くと,拡張定理によって,(6.5) を満たす Q は定義域を $\mathcal{B}(V) \times \mathcal{B}(V)$ に一意的に拡張できる.望むのは V^2 上のボレル確率測度,すなわち,Q の定義域を $\mathcal{B}(V^2)$ に拡張できることである.

まず,

$$\mathcal{B}(V) \times \mathcal{B}(V) \subset \mathcal{B}(V^2) \tag{6.6}$$

に注意する.実際,$A, B \in \mathcal{B}(V)$ とすると,まず,$\mathcal{B}(V)$ の最小性と同様に V の開集合と V の直積集合たちを含む最小の σ 加法族は $\mathcal{B}' := \{C \times V \subset V^2 \mid C \in \mathcal{B}(V)\}$ なので $A \times V$ を要素に持つが,他方,$V \subset V$ は開集合で V の開集合と V の直積集合は (6.3) によって V^2 の開集合だから,V の開集合と V の直積集合は $\mathcal{B}(V^2)$ の要素なので $\mathcal{B}' \subset \mathcal{B}(V^2)$ であり,特に,$A \times V \in \mathcal{B}(V^2)$ を得る.同様に $V \times B \in \mathcal{B}(V^2)$ なので,

$$A \times B = (A \times V) \cap (V \times B) \in \mathcal{B}(V^2)$$

となって (6.6) に至る.

(6.5) の Q の定義域を V^2 のボレル確率測度に拡張できるためにほしいのは (6.6) の逆向きの包含関係

$$\mathcal{B}(V^2) \subset \mathcal{B}(V) \times \mathcal{B}(V) \tag{6.7}$$

(したがって,等号)である.

V が可分ならば,稠密な可算集合を $Q_V \subset V$ と置くと,任意の開集合 $G \subset V$ は,

$$G = \bigcup_{\substack{r \in \mathbb{Q}, q \in Q_V; \\ B_r(q) \subset G}} B_r(q)$$

と,開球の可算和で書ける.V^2 の開球は (6.3) から等半径の V の開球 2 つの直積なので,V^2 の開集合 $G_2 \in V^2$ は同様に

$$G_2 = \bigcup_{\substack{r \in \mathbb{Q},\, q_1, q_2 \in Q_V; \\ B_r(q_1) \times B_r(q_2) \subset G_2}} B_r(q_1) \times B_r(q_2)$$

と,V^2 の矩形集合の可算和で書ける.よって V^2 の開集合は σ 加法族 $\mathcal{B}(V) \times \mathcal{B}(V)$ の要素だから,$\mathcal{B}(V^2)$ の最小性から (6.7) が成り立つ.

これに対して,[1, App. M, (11) への脚注] は,V が $\mathbb{R}$ よりも大きな濃度の集合で離散位相のとき(すなわち,距離が (2.12) のときで,V は非可分となるが),対角集合 $D := \{(x, x) \mid x \in V\}$ は

$$D = \bigcap_{n=1}^{\infty} \bigcup_{x \in V} B_{1/n}(x) \in \mathcal{B}(V^2)$$

によって V^2 のボレル集合だが,$D \notin \mathcal{B}(V) \times \mathcal{B}(V)$ であることを指摘している.証明の粗筋を紹介すると,まず

$$(A \times B)^c = (A \times B^c) \cup (A^c \times B) \cup (A^c \times B^c) \tag{6.8}$$

と σ 加法族の定義(補集合と可算和で閉じていること)から,矩形集合 ($\mathcal{B}(V)$ の中の 2 つの集合の直積集合)の可算和(列の和集合)をすべての列にわたって集めた集合族が σ 加法族であり,(最小性から)$\mathcal{B}(V) \times \mathcal{B}(V)$ であることに注意する.それゆえ $D \in \mathcal{B}(V) \times \mathcal{B}(V)$ ならば D も矩形集合の可算和で書けなければならない.次に [7, § 59, Problem (2)] にしたがって,矩形集合それぞれの「切り口」,すなわち,矩形集合を $A \times B$ と書くときの A と B を,D を和で表しているすべての矩形集合にわたって集めた集合族を $\mathcal{E}$ と置くと,可算和の各集合の切り口だから $\mathcal{E}$ は可算個の集合からなる.また,$D \in \sigma[\mathcal{E}] \times \sigma[\mathcal{E}]$ だから,D の切り口はすべて $\sigma[\mathcal{E}]$ の要素である.ところで,集合族が $\mathbb{R}$ の濃度以下の濃度のとき,その集合族を含む最小の σ 加法族の濃度も $\mathbb{R}$ の濃度以下という事実が [7, §5 Problem (9c)] に超限帰納法を用いる議論で得られているので,$\sigma[\mathcal{E}]$ の濃度は $\mathbb{R}$ の濃度以下である.最後に,D の定義に戻ると(対角集合なので),$\mathcal{E}$ は 1 点集合たち $\{x\}$, $x \in V$ をすべて要素に持つ集合族だから,V の濃度が $\mathbb{R}$ の濃度より大きければ $\mathcal{E}$ の濃度は $\mathbb{R}$ の濃度よりも大きい.これは $\sigma[\mathcal{E}]$ の濃度が $\mathbb{R}$ の濃度以下であることと矛盾する.

以上の反例は濃度の大小だけの議論なので，V と $\mathbb{R}$ の濃度が等しい場合は (6.7) の成否について何も言えない．また，(6.7) が成り立たないということは，非可測集合の存在と呼ぶと色めき立つが，V が可分な場合の議論と比べると，直接的には確率変数列の独立性の条件 (6.5) だけでは確率変数列についての開集合の確率，特に収束についての確率が決まらないということなので，独立確率変数列の定義に実数値の場合になかった条件を追加すればよいように見えるかもしれない．けれども，さらに V が可分な場合の議論と比べると，測度の $\mathcal{B}(V^2)$ への拡張の存在も言えていないので，矛盾が無いように条件を加えられる保証がない．結局非可分値独立確率変数列の一般的な構成（存在）は難しい．（もし，非可分値独立確率変数（ボレル可測関数）列が存在しても，大数の法則で必要なのは算術平均である．そこで加法が可測な演算であることも要求する順序だが，実確率変数の和の加法性の証明 (1.25) では $\mathbb{R}$ の可分性を用いるので，この部分も非可分値確率変数列には一般化できない．）

[20, 3 章 §3.2] に，確率変数の分布が正則性（ボレル確率測度を完備化した測度になること）を期待できない場合について，『応用上そのような一般的な確率変数を考える必要はおこらない』とある．このような，ボレル可測関数であることを重視する立場において，[1, §15] は一様評価のノルムを回避して，右連続左有極限関数の集合が可分空間になるスコロホド位相を与える（[20, 5 章] がビリングスレーの距離と呼ぶ）距離を導入して，確率過程論などの豊かな世界に進む．これに対して [3, Chapt. 1 Notes 内 Notes to §1.1 末尾] では [1] を引用しつつ一様評価のノルムのまま扱うとしていて，[24] などに続く立場においては測度にとどまることを諦めて外測度と外積分から定義をやり直す．

困難がここまで厳しいと，原点にあったはずのグリヴェンコ・カンテリの定理で非可分空間値ボレル可測関数の概念を用いないことが逆に注目に値する．5.4 節では $BV(\mathbb{R})$ 値確率変数列という言葉を用いたが，本節始め (6.1) のボレル可測関数という「自然な」定義ではなく，実確率変数たちだけで（測度論の枠内で）一様評価のノルムのまま定式化し証明した．

実は，$Z \colon \Omega \to \mathbb{R}$ に対して $Z^{-1}(W) = \{\omega \in \Omega \mid Z(\omega) \in W\}$ が $Z^{-1}(W) \notin$

$\mathcal{F}$ である $W \subset \mathbb{R}$ があれば,グリヴェンコ・カンテリの定理で扱った

$$X(\cdot) = \mathbf{1}_{Z \leqq \cdot} : \Omega \to BV(\mathbb{R}) \tag{6.9}$$

は $(BV(\mathbb{R}), \|\cdot\|)$ 値ボレル非可測関数である.($\Omega = \mathbb{R}$, $\mathcal{F} = \mathcal{B}(\mathbb{R})$, $Z(x) = x$, $x \in \mathbb{R}$ と選んだ場合は,$\mathbb{R}$ のボレル非可測集合を W に選べる.)

このことを示すために,まず $a \in \mathbb{R}$ に対して $v_a \in BV(\mathbb{R})$ を

$$v_a(x) = \begin{cases} 1, & x \geqq a, \\ 0, & x < a \end{cases} \tag{6.10}$$

で定義し,$0 < r < 1$ に対して,中心 v_a 半径 r の $BV(\mathbb{R})$ の球

$$B_{v_a}(r) = \{v \in BV(\mathbb{R}) \mid \|v - v_a\| < r\} \subset BV(\mathbb{R})$$

の X による逆像 $X^{-1}(B_{v_a}(r)) = \{\omega \in \Omega \mid X(\omega) \in B_{v_a}(r)\}$ を (5.16) と (6.10) を用いて計算すると,

$$\begin{aligned} X^{-1}(B_{v_a}(r)) &= \{\omega \in \Omega \mid \sup_{x \in \mathbb{R}} |\mathbf{1}_{Z(\omega) \leqq x} - v_a(x)| < r\} \\ &= \{\omega \in \Omega \mid (x < a \to Z(\omega) > x), (x \geqq a \to Z(\omega) \leqq x)\} \\ &= \{\omega \in \Omega \mid Z(\omega) = a\} = Z^{-1}(\{a\}) \end{aligned} \tag{6.11}$$

を得る.よって,$Z^{-1}(W) \notin \mathcal{F}$ である $W \subset \mathbb{R}$ があれば,$G = \bigcup_{a \in W} B_{v_a}(r) \subset BV(\mathbb{R})$ は開集合の和集合だから開集合だが,(6.11) から

$$X^{-1}(G) = \bigcup_{a \in W} X^{-1}(B_{v_a}(r)) = \bigcup_{a \in W} Z^{-1}(\{a\}) = Z^{-1}(W) \notin \mathcal{F}$$

となって (6.1) が成り立たない.すなわち,(6.9) の X は $BV(\mathbb{R})$ 値のボレル可測関数ではない.

そこで(完全収束版の)グリヴェンコ・カンテリの定理(と,実確率変数列の大数の完全法則)の線形空間値への一般化について,線形空間値ボレル可測関数の構成を回避しつつセミノルムによる距離も測度論も諦めない定式化と証明を一般化できるかという問題を考える.実際,定理 5.6 の (5.27)(単調

関数に一般化した完全収束版グリヴェンコ・カンテリの定理）を見ると，線形空間値関数 $X: \Omega \to V$ が線形空間の部分集合に値をとる確率を直接扱うことはなく（それどころかボレル非可測だが），X とノルム $\|\cdot\|: V \to \mathbb{R}$ の合成関数の値が小さい確率が実確率変数としてボレル可測なので定式化も証明もできる．以下，この問題意識を，（セミ）ノルム付き線形空間 $(V, \|\cdot\|)$ に値をとる大数の完全法則と呼ぶことにする．

偏差の算術平均が 0 に近づくという大数の法則の根幹に線形空間値の期待値の定義が必要だが，V 値確率変数の定義を避けると積分としての期待値は定義できない．他方，バナッハ空間値関数の積分にはそもそも複数の定義が併存していることを考えると，確率変数だけでなく期待値も構成的な定義を回避して V 値関数の集合から V への線形写像 $\mathrm{E}[\cdot]$ に V 値大数の完全法則に十分な性質を仮定することが考えられる．

また，V 値確率変数の概念を避けると独立性や同分布性の定義ができない．しかし，これらは大数の完全法則にとっては証明の容易な場合への限定のための概念なので，対応する証明が可能な関数のクラスを「一般化した独立同分布性」として定義することを妨げない．適切な，独立確率変数列らしい性質を選ぶ必要は残るが，本書ではここまでの流れに従って，線形空間の性質としての正負の打ち消しを表す一般化ヒンチンの不等式 $K_{r,q}$ や $K'_{U,r,q}$ が成り立つ V において，それを偏差の正負の打ち消しという確率的な性質に翻訳できることをもって独立性の一般化とする．3.4 節の定理 3.6 のマルチンケヴィチ・ジグムンドの不等式の証明で 3.2 節の定理 3.2 のヒンチンの不等式を使うための変形の一般化の成立を一般化した独立性の定義とすることで，実確率変数列の大数の完全法則の観点からは回り道であった 3.4 節から 3.2 節を蘇らせる．以上の定義と仮定を 6.3 節にまとめ，その状況で一般化された大数の完全法則の定理と証明を 6.4 節に呈示する．6.4 節は $K'_{U,r,q}$ 経由でグリヴェンコ・カンテリの定理の一般化を証明する点で，実確率変数列の大数の完全法則との統一的証明を達成している．

6.2 セミノルム付き線形空間値列の完全収束

（セミ）ノルム付き線形空間 $(V, \|\cdot\|)$ に値をとる大数の完全法則の前に，1.3 節に並べた概収束と完全収束の定義を線形空間値確率変数列に一般化する．

確率を測るための確率空間 $(\Omega, \mathcal{F}, \mathrm{P})$ が用意されているとし，V 値関数列 $Y_N : \Omega \to V, N = 1, 2, \ldots$ と V 値関数 $Y : \Omega \to V$ が与えられているとする．6.1 節に従って，V 値ボレル可測性は定義せず，したがって V 値確率変数という言葉も用意しないが，ノルムをとった実数値関数，たとえば $\|Y_N - Y\| : \Omega \to \mathbb{R}$ は実確率変数であるとする．

このとき，V 値への概収束と完全収束の一般化として 1.3 節の定義で絶対値をセミノルム $\|\cdot\|$ に置き換えたものを採用することに異論はあるまい．すなわち，V 値関数列 Y_N が Y に概収束するとは

$$(\forall \epsilon > 0) \lim_{N_0 \to \infty} \mathrm{P}\left[\bigcup_{N=N_0}^{\infty} \{\|Y_N - Y\| > \epsilon\}\right] = 0 \tag{6.12}$$

が成り立つことを言い，Y_N が Y に完全収束するとは

$$(\forall \epsilon > 0) \lim_{N_0 \to \infty} \sum_{N=N_0}^{\infty} \mathrm{P}[\|Y_N - Y\| > \epsilon] = 0 \tag{6.13}$$

が成り立つことを言うことと定義する．

実数値確率変数列の概収束と完全収束については簡単な同値な書き換えを 2.4 節と 2.5 節でそれぞれ紹介した．線形空間値確率変数列に一般化した (6.12) と (6.13) で対応する性質がどこまで保証されるか確認する．まず，2.4 節の命題 2.9 については，絶対値が非負実数値であること以外は何も使っていない（集合算と確率測度の基礎性質だけで証明が書けている）ので，そのまま (6.12) についても成り立つ．

命題 6.1 セミノルム付き線形空間 $(V, \|\cdot\|)$ において，V 値関数列 $Y_N : \Omega \to V, N = 1, 2, \ldots$ と $Y : \Omega \to V$ について，各 N に対して $\|Y_N - Y\| : \Omega \to \mathbb{R}$ が実確率変数（実数値ボレル可測関数）ならば，以下は同値である．

(i) $\mathrm{P}[\lim_{N \to \infty} \|Y_N - Y\| = 0] = 1$ が成り立つ．
  (1.2 節の (1.24) の V 値への一般化．)

(ii) $(\forall \epsilon > 0)\ \mathrm{P}[\exists N_0;\ (\forall N \geqq N_0)\ \|Y_N - Y\| \leqq \epsilon] = 1.$

(iii) $(\forall \epsilon > 0)\ \mathrm{P}\left[\bigcap_{N_0 \in \mathbb{N}} \bigcup_{N \geqq N_0} \{\|Y_N - Y\| > \epsilon\}\right] = 0.$

(iv) $(\forall \epsilon > 0)\ \lim_{N_0 \to \infty} \mathrm{P}\left[\bigcup_{N \geqq N_0} \{\|Y_N - Y\| > \epsilon\}\right] = 0$, すなわち (6.12) が成り立つ. ◇

証明は命題 2.9 の証明で絶対値をセミノルムに書き換えればよい. 証明の中で Y_N や Y はノルムの中でしか現れないので, $\|Y_N - Y\|$ が可測であれば Y_N や Y の可測性は関係ない.

2.5 節の命題 2.14 についても, 同様に $\|Y_N - Y\|: \Omega \to \mathbb{R}$ が実確率変数（実数値ボレル可測関数）であれば, (V 値関数たち Y_N や Y のボレル可測性は必要なく）一般化できる.

命題 6.2 セミノルム付き線形空間 $(V, \|\cdot\|)$ において, V 値関数列 $Y_N: \Omega \to V$, $N = 1, 2, \ldots$ と $Y: \Omega \to V$ について, 各 N に対して $\|Y_N - Y\|: \Omega \to \mathbb{R}$ が実確率変数（実数値ボレル可測関数）とするとき, 以下は同値である.

(i) (6.13) が成り立つ（Y_N は Y に完全収束する）.

(ii) 整数 N_0 が存在して,

$$(\forall \epsilon > 0)\ \sum_{N=N_0+1}^{\infty} \mathrm{P}[\|Y_N - Y\| > \epsilon] < \infty \tag{6.14}$$

が成り立つ.

(iii) 各 N ごとに $\|Y_N - Y\|$ と同分布な実確率変数 $Z_N: \Omega \to \mathbb{R}$ の任意の列 $Z_1, Z_2, \ldots$ が 0 に概収束する.

(iv) $Z_N: \Omega \to \mathbb{R}$, $N = 1, 2, \ldots$ が独立実確率変数列で, かつ, 各 N ごとに $\|Y_N - Y\|$ と Z_N が同分布のとき列 Z_N が 0 に概収束する. ◇

証明 (i) ⇔ (ii) 命題 2.14 の対応する証明では（集合算も確率も関係なく）

級数の収束の定義だけを用いているので，絶対値をノルムに書き換えればそのまま成り立つ．

(ii) ⇒ (iii)　Y_N は V 値関数だが Z_N は実確率変数なので，Z_N に関する命題 2.14 の対応する証明はそのまま成り立ち，Z_N は 0 に概収束する．

(iii) ⇒ (iv)　同分布な任意の場合に概収束するので，もちろん独立な場合に概収束する．

(iv) ⇒ (ii)　(ii) から (iii) の証明と同様に，対応する命題 2.14 のボレル・カンテリの定理 II の対偶を用いる証明がそのまま成り立つ．最後に，Z_N と $\|Y_N - Y\|$ が同分布なので，命題 2.14 の (2.31) の代わりに (6.13) が成り立つ． □

以上のように，概収束や完全収束は，V 値ボレル可測性の概念がなくても自然に V 値関数列に一般化できる．しかし，大数の法則では上記の各 Y_N が V 値関数の算術平均なので，独立性の一般化となる V 値関数の性質が必要になる．6.3 節ではその性質を含めて 6.4 節の定理とその証明で用いる性質を仮定として列挙する．

6.3　確率空間と確率変数列への要請

$(V, \|\cdot\|)$ を（可分・非可分を問わない）セミノルム付き線形空間とし，$U \subset V$ が (4.9) を満たすとする．$(\Omega, \mathcal{F}, \mathrm{P})$ を確率空間とし，各自然数 $N \in \mathbb{N}$ に対して，Ω 上の U 値関数列

$$X_k^{(N)}: \Omega \to U, \quad k = 1, \ldots, N$$

が与えられているとする．（あたかも確率変数のような記号を用いるが，6.1 節の方針どおり，U 値確率変数は定義しないので，この段階では単に U 値関数である．）

Ω 上の V 値関数の集合

$$\{X_k^{(N)} \mathbf{1}_A \mid k = 1, \ldots, N, \ A \in \mathcal{F}\} \cup \{v \mathbf{1}_A \mid v \in V, \ A \in \mathcal{F}\}$$

の要素の実数係数線形結合すべてを集めた集合（線形空間）$\mathcal{V}$ 上で定義された V 値線形写像 $\mathrm{E}[\,\cdot\,]: \mathcal{V} \to V$ が与えられているとして，各 N と k に対して $\Delta X_k^{(N)} = X_k^{(N)} - \mathrm{E}[X_k^{(N)}] \in \mathcal{V}$ および $a \geqq 0$ に対して $Y_k^{(N,a)} = \Delta X_k^{(N)} \mathbf{1}_{\|\Delta X_k^{(N)}\| \leqq a}: \Omega \to V$ と書く．$(X_k^{(N)} \mathbf{1}_\Omega = X_k^{(N)}$ にならって，$v \in V$ に対して $v\mathbf{1}_\Omega \in \mathcal{V}$ を v と略記する．先ほどと同様，あたかも期待値のような記号を用いたが，この段階では単に V 値線形写像である．）

以下を仮定する．

(i) $\mathrm{E}[\,\cdot\,]$ の性質：

- $v \in V$ と $A \in \mathcal{F}$ に対して，$\mathrm{E}[v\mathbf{1}_A] = v\mathrm{P}[A]$．
- 各 N と k と $A \in \mathcal{F}$ に対して，$\mathrm{E}[X_k^{(N)} \mathbf{1}_A] \in U$．
- $\left\|\mathrm{E}[X_k^{(N)}]\right\|$ は有界，すなわち，定数 $m > 0$ が存在して

$$\left\|\mathrm{E}[X_k^{(N)}]\right\| \leqq m, \quad k = 1, \ldots, N,\ N = 1, 2, \ldots \tag{6.15}$$

が成り立つ．

(ii) ノルムが実確率変数であること：

- 各 N に対して，$\left\|\sum_{k=1}^N \Delta X_k^{(N)}\right\|$ および各 k に対して $\left\|\Delta X_k^{(N)}\right\|$ はすべて実確率変数．

  特に，$a \geqq 0$ に対して $\left\{\omega \in \Omega \mid \left\|\Delta X_k^{(N)}(\omega)\right\| \leqq a\right\} \in \mathcal{F}$ となり，したがって $Y_k^{(N,a)} \in \mathcal{V}$．

- 各 N と $a \geqq 0$ とラーデマッヘル列 $\xi = (\xi_1, \xi_2, \ldots, \xi_N) \in \{\pm 1\}^N$ に対して，

$$\left\|\sum_{k=1}^N \xi_k(Y_k^{(N,a)} - \mathrm{E}[Y_k^{(N,a)}])\right\| : \Omega \to \mathbb{R}_+$$

および各 k に対して $\left\|Y_k^{(N,a)} - \mathrm{E}[Y_k^{(N,a)}]\right\| : \Omega \to \mathbb{R}_+$ はすべて実確率変数．

- 各 N と k と $A \in \mathcal{F}$ と $v \in V$ に対して，

$$\left\|(X_k^{(N)} + \mathrm{E}[X_k^{(N)}])\mathbf{1}_A + v\right\|$$

6.3 確率空間と確率変数列への要請

は実確率変数.

(iii) 任意の N と k と $A \in \mathcal{F}$ に対して

$$\left\| \mathrm{E}[\Delta X_k^{(N)} \mathbf{1}_A] \right\| \leqq \mathrm{E}\left[\left\| \Delta X_k^{(N)} \mathbf{1}_A \right\| \right] \tag{6.16}$$

が成り立つ.

(iv) 任意の自然数 N と $a \geqq 0$ と $k \neq \ell$ なる 1 以上 N 以下の整数の組に対して

$$\begin{aligned}&\mathrm{P}\left[\left\| \Delta X_k^{(N)} \right\| > a,\ \left\| \Delta X_\ell^{(N)} \right\| > a \right] \\ &\leqq \mathrm{P}\left[\left\| \Delta X_k^{(N)} \right\| > a \right] \mathrm{P}\left[\left\| \Delta X_\ell^{(N)} \right\| > a \right]\end{aligned} \tag{6.17}$$

が成り立つ. また, 各 N と a に対して, $\left\| Y_k^{(N,a)} - \mathrm{E}[Y_k^{(N,a)}] \right\|$, $k = 1, \ldots, N$ は独立実確率変数列である.

(v) 任意の $A \in \mathcal{F}$ と $q \geqq 1$ に対して (N によらない) 正数 $C_{MZ} > 0$ が存在して, 任意の自然数 N と $a \geqq 0$ に対して,

$$\begin{aligned}&\mathrm{E}\left[\left\| \sum_{k=1}^N (Y_k^{(N,a)} - \mathrm{E}[Y_k^{(N,a)}]) \right\|^q \right] \\ &\leqq C_{MZ}^q \mathrm{E}\left[\mathrm{E}_\xi \left[\left\| \sum_{k=1}^N \xi_k (Y_k^{(N,a)} - \mathrm{E}[Y_k^{(N,a)}]) \right\|^q \right] \right].\end{aligned} \tag{6.18}$$

ここで ξ はラーデマッヘル列で E_ξ は $\xi_1, \ldots, \xi_N$ についての算術平均.

(vi) 期待値と分散が有限な実確率変数 X が存在して, $\Delta X = X - \mathrm{E}[X]$ と書くとき, 各 N と k と $a \geqq 0$ に対して

$$\mathrm{P}\left[\left\| \Delta X_k^{(N)} \right\| \geqq a \right] \leqq \mathrm{P}[|\Delta X| \geqq a] \tag{6.19}$$

が成り立つ. ◇

ここまで, 一言で言うと, 独立実確率変数列の大数の完全法則 (定理 3.1) の素直な一般化になるように確率空間上の V 値関数列 $\{X_k^{(N)}\}$ の満たすべき性質と定理の仮定を翻訳列挙した. 以下各々の仮定の「気持ち」を追記する.

(i) 大数の完全法則は関数列よりも偏差の列が証明上の本質なので，冒頭から期待値の定義を必要とする．V 値確率変数を定義しないことでいきなり困るが，期待値の線形性を仮定するのは確率論の原点である．

なお，期待値の有界性 (6.15) は，偏差しか扱わない大数の法則にとっては不自然であり，V が性質 $K_{r,q}$ を持てば不要の仮定だが，$K'_{U,r,q}$ しか持たない場合は必要である．

(ii) V 値関数 $\Delta X_k^{(N)}: \Omega \to V$ の可測性を定義しなくても，収束をノルムで定義するので，ノルムが 0 に収束する集合の確率が定義できていれば概収束や完全収束が定義できる．

(iii) 期待値については線形性とともに三角不等式を仮定することも自然であろう．

(iv) 大数の法則は確率変数列の独立性が正負の打ち消しのために重要な役割を持つはずだが，ここまでの定義と仮定には対応する仮定がない．(6.17) は各 N と a に対して実確率変数列 $\left\|\Delta X_k^{(N)}\right\|$, $k = 1, \ldots, N$ が独立ならば成り立つ．$\left\|\Delta X_k^{(N)}\right\|$ や $\left\|Y_k^{(N,a)} - \mathrm{E}[Y_k^{(N,a)}]\right\|$ は実確率変数としたので，独立性を仮定できる．

(v) 期待値が「偏差の中心」であることが大数の法則の成立に必須のはずだが，ここまでの定義と仮定には対応する項目がない．ここでは正負の打ち消しを表す線形空間の性質 $K'_{U,r,q}$（一般化されたヒンチンの不等式）から独立実確率変数列の場合のマルチンケヴィチ・ジグムンドの不等式の一般化を得ることを，(隔靴掻痒感は否めないが) まるごと仮定する．

(vi) 偏差のノルムの分布の裾が一様に細いことと分散の有界性は定理 3.1 で明示的に仮定したことの素直な一般化である．なお，確率や期待値の比較なので，ΔX は V 値である必要はなく，実確率変数とした． ◇

定義と仮定から特に以下が成り立つことはすぐにわかる．

- 各 N と k に対して，$\mathrm{E}[\Delta X_k^{(N)}] = \mathrm{E}[X_k^{(N)}] - \mathrm{E}[\mathrm{E}[X_k^{(N)}]] = 0$.

- 各 N と k に対して，$\mathrm{E}\left[\Delta X_k^{(N)}\mathbf{1}_{\|\Delta X_k^{(N)}\|>a}\right]=-\mathrm{E}[Y_k^{(N,a)}]$.
- 「分散」の有界性

$$\mathrm{E}\left[\left\|\Delta X_k^{(N)}\right\|^2\right]\leqq \mathrm{V}[X],\quad k=1,\ldots,N,\ N=1,2,\ldots. \qquad(6.20)$$

これは（上記仮定 (i) で Ω 上の関数列のノルムは実確率変数なので）実確率変数の場合の (3.5) をノルムに置き換えれば証明となる． $\diamond$

さらに，(6.18) と，(4.10) の $K'_{U,r,q}$ または (4.7) の $K_{r,q}$ を合わせるとマルチンケヴィチ・ジグムンドの不等式（定理 3.6）の一般化を得る．

命題 6.3 セミノルム付き線形空間 $(V,\|\cdot\|)$ が，(4.9) を満たす $U\subset V$ と $r\geqq 1$ と $q\geqq 1$ を満たす実数の組 (r,q) について，(4.10) の性質 $K'_{U,r,q}$ を持てば，6.3 節の仮定の下で，どんな自然数 N とどんな正数の組 ϵ と ϵ' に対しても，(4.10) の C と (6.18) の C_{MZ} を用いて，

$$\begin{aligned}
&\mathrm{E}\left[\left\|\sum_{k=1}^N (Y_k^{(N,a)}-\mathrm{E}[Y_k^{(N,a)}])\right\|^q\right]\\
&\leqq (C_{MZ}\epsilon)^q+(C\,C_{MZ})^q\,\mathrm{E}\left[\left(1+\sum_{k=1}^N\|u_k+m_k\|\right)^{q\epsilon'}\right.\\
&\qquad\left.\times\left(\sum_{k=1}^N\left\|Y_k^{(N,a)}-\mathrm{E}[Y_k^{(N,a)}]\right\|^r\right)^{q/r}\right]
\end{aligned}\qquad(6.21)$$

が成り立つ．ここで，$k=1,2,\ldots,N$ に対して，$A_k^{(N,a)}=\left\{\left\|\Delta X_k^{(N)}\right\|\leqq a\right\}$ $\in\mathcal{F}$ と置くとき，

$$\begin{aligned}
u_k &= X_k^{(N)}\mathbf{1}_{A_k^{(N,a)}}+\mathrm{E}[X_k^{(N)}]\mathrm{P}[A_k^{(N,a)}],\\
m_k &= \mathrm{E}[X_k^{(N)}\mathbf{1}_{A_k^{(N,a)}}]+\mathrm{E}[X_k^{(N)}]\mathbf{1}_{A_k^{(N,a)}}
\end{aligned}\qquad(6.22)$$

と置いた．すなわち，

$$u_k + m_k = (X_k^{(N)} + \mathrm{E}[\,X_k^{(N)}\,])\,\mathbf{1}_{A_k^{(N,a)}}$$
$$+ \mathrm{E}[\,X_k^{(N)}\,\mathbf{1}_{A_k^{(N,a)}}\,] + \mathrm{E}[\,X_k^{(N)}\,]\,\mathrm{P}[\,A_k^{(N,a)}\,] \qquad (6.23)$$

である. ◇

証明 (4.10) で u_i と m_i に (6.22) を代入して（実確率変数としての）期待値をとったものと (6.18) とから (6.21) を得る. □

6.4 セミノルム付き線形空間値の大数の完全法則

6.2 節の完全収束の定義に基づいて，次の定理をセミノルム付き線形空間 $(V, \|\cdot\|)$ における U 値の大数の完全法則と呼ぶことにする.

定理 6.4 ($K'_{U,r,q}$ が成り立つ線形空間における U 値の大数の完全法則)
$(V, \|\cdot\|)$ をセミノルム付き線形空間とする. (4.9) を満たす $U \subset V$ と $1 < r \leqq 2$ と $q \geqq 1$ を満たすある実数の組 (r, q) について $(V, \|\cdot\|)$ が性質 $K'_{U,r,q}$ を持つ，すなわち (4.10) を満たすならば，6.3 節の仮定の下で，U 値の大数の完全法則，すなわち

$$(\forall \epsilon > 0) \sum_{N=1}^{\infty} \mathrm{P}\left[\,\frac{1}{N}\left\|\sum_{k=1}^{N}(X_k^{(N)} - \mathrm{E}[\,X_k^{(N)}\,])\right\| > \epsilon\,\right] < \infty \qquad (6.24)$$

が成り立つ.

さらに V が性質 $K_{r,q}$ を持つ，すなわち (4.7) を満たすならば，6.3 節の仮定のうち (6.15) がなくても (6.24) すなわち V 値の大数の完全法則が成り立つ. ◇

注 以下の証明では $q = r\ell > \dfrac{r}{r-1}$ で (4.10) の $K'_{U,r,q}$ を（命題 6.3 を通じて）用いるので，$r = 2$ ならば $q > 2$ を要するが，第 4 章の定理 4.9 から，ある $q \geqq 1$ で $K'_{U,r,q}$ が成り立てば，任意の $q \geqq 1$ で $K'_{U,r,q}$ が成り立つ. ◇

証明 ℓ を $\ell > \dfrac{1}{r-1}$ を満たす自然数とし，

$$\alpha \in \left(\frac{3}{4}, 1\right) \qquad (6.25)$$

6.4 セミノルム付き線形空間値の大数の完全法則

を選んで固定する．(6.24) は小さい $\epsilon > 0$ で成り立てば大きい ϵ でも成り立つので，$0 < \epsilon < 4$ としておく．

以下よく登場するので $a = N^\alpha$ の場合の $Y_k^{(N,a)}$ を

$$Y_k^{(N)} = \Delta X_k^{(N)} \mathbf{1}_{|\Delta X_k^{(N)}| \leq N^\alpha} \tag{6.26}$$

と置く．以下の証明のうち (6.28) までは実数値の場合の 3.1 節の定理 3.1 の証明の直訳である．

まず Ω の部分集合の間の包含関係

$$\left\{ \omega \in \Omega \,\middle|\, \left\|\sum_{k=1}^N \Delta X_k^{(N)}(\omega)\right\| > N\epsilon \right\}$$
$$\subset \left\{ \omega \in \Omega \,\middle|\, \exists k \in \{1,\ldots,N\};\, \left\|\Delta X_k^{(N)}(\omega)\right\| > \frac{1}{2}N\epsilon \right\}$$
$$\cup \left\{ \omega \in \Omega \,\middle|\, \exists k_1 \neq k_2 \in \{1,\ldots,N\};\, \left\|\Delta X_{k_j}^{(N)}(\omega)\right\| > N^\alpha,\, j=1,2 \right\}$$
$$\cup \left\{ \omega \in \Omega \,\middle|\, \left\|\sum_{k=1}^N Y_k^{(N)}\right\| > \frac{1}{2}N\epsilon \right\} \tag{6.27}$$

が成り立つ．実際，左辺の条件が成り立ち，右辺の 1 項目と 3 項目の条件がともに成り立たないとして 2 項目の条件が成り立つことを確認する．すなわち，

$$\left\|\sum_{k=1}^N \Delta X_k^{(N)}(\omega)\right\| > N\epsilon,$$
$$\left\|\Delta X_k^{(N)}(\omega)\right\| \leq \frac{1}{2}N\epsilon, \quad k=1,\ldots,N,$$
$$\left\|\sum_{k=1}^N Y_k^{(N)}\right\| \leq \frac{1}{2}N\epsilon$$

とすると，1 行目と (4.2) の (iii) から

$$\left\|\sum_{k=1}^N Y_k^{(N)}\right\| + \left\|\sum_{k=1}^N \Delta X_k^{(N)}(\omega)\, \mathbf{1}_{\left\|\Delta X_k^{(N)}(\omega)\right\| > N^\alpha}\right\| > N\epsilon.$$

これと 3 行目から

$$\left\|\sum_{k=1}^N \Delta X_k^{(N)}(\omega)\, \mathbf{1}_{\left\|\Delta X_k^{(N)}(\omega)\right\| > N^\alpha}\right\| > \frac{1}{2}N\epsilon.$$

この条件と2行目が成り立つためには，少なくとも2つの異なる項 $k=k_j$, $j=1,2$, に対して定義関数の中の条件, $\left\|\Delta X_k^{(N)}(\omega)\right\| > N^\alpha$ が成り立つ必要がある．これは (6.27) の右辺2項目の条件である．

有限劣加法性 (1.18) を (6.27) に適用して目標である (6.24) を証明する．(6.27) の右辺最初の項の (6.24) への寄与は，劣加法性 (2.25) と仮定 (6.19) と実数積分の階段関数近似と (2.7) と次数についての単調性（(1.19) で $p=1$ と $q=2$ の場合）から

$$\sum_{N=1}^\infty \mathrm{P}\left[\exists k \in \{1,\ldots,N\};\ \left\|\Delta X_k^{(N)}\right\| > \frac{1}{2}N\epsilon\right]$$
$$\leqq \sum_{N=1}^\infty \sum_{k=1}^N \mathrm{P}\left[\left\|\Delta X_k^{(N)}\right\| > \frac{1}{2}N\epsilon\right]$$
$$\leqq \sum_{N=1}^\infty N\mathrm{P}\left[|\Delta X| > \frac{1}{2}N\epsilon\right]$$
$$\leqq \frac{2}{\epsilon}\int_0^\infty (\frac{2}{\epsilon}t+1)\mathrm{P}[|\Delta X| > t]\,dt = \frac{2}{\epsilon^2}\mathrm{E}[|\Delta X|^2] + \frac{2}{\epsilon}\mathrm{E}[|\Delta X|]$$
$$\leqq \frac{2}{\epsilon^2}\mathrm{V}[X] + \frac{2}{\epsilon}\sqrt{\mathrm{V}[X]}$$

によって有限である（収束する）ことがわかり，似た変形によって (6.27) の右辺2項目の (6.24) への寄与は，劣加法性 (2.25) と仮定 (6.17) と仮定 (6.19) とチェビシェフの不等式（(2.4) で $q=2$）と (6.25) のうちの $\alpha > \dfrac{3}{4}$ から

$$\sum_{N=1}^\infty \mathrm{P}\left[\exists k_1 \neq k_2 \in \{1,\ldots,N\};\ \left\|\Delta X_{k_j}^{(N)}\right\| > N^\alpha,\ j=1,2\right]$$
$$\leqq \sum_{N=1}^\infty {}_N\mathrm{C}_2\,\mathrm{P}[|\Delta X| > N^\alpha]^2 \leqq \frac{\mathrm{V}[X]^2}{2}\sum_{N=1}^\infty \frac{1}{N^{4\alpha-2}} < \infty$$

によって有限である．

(6.27) の右辺3項目の (6.24) への寄与を評価するために，まず，6.3節の仮定の最初の写像 $\mathrm{E}[\cdot]$ の線形性と $\mathrm{E}[v]=v$ から $a=N^\alpha$ と置いて得られる

$$\mathrm{E}[Y_k^{(N)}] + \mathrm{E}\left[\Delta X_k^{(N)} \mathbf{1}_{\left\|\Delta X_k^{(N)}\right\| > N^\alpha}\right] = \mathrm{E}[\Delta X_k^{(N)}] = 0$$

6.4 セミノルム付き線形空間値の大数の完全法則

と，(6.16) を合わせると

$$\left\| \mathrm{E}[Y_k^{(N)}] \right\| \leqq \mathrm{E}\left[\left\| \Delta X_k^{(N)} \right\| \mathbf{1}_{\left\| \Delta X_k^{(N)} \right\| > N^\alpha} \right]$$

を得ることに注意する．$\left\| \Delta X_k^{(N)} \right\|$ は 6.3 節の仮定から実確率変数なので，系 2.7 で $X = \left\| \Delta X_k^{(N)} \right\|$ と $a = N^\alpha$ とすると，

$$\mathrm{E}\left[\left\| \Delta X_k^{(N)} \right\| \mathbf{1}_{\left\| \Delta X_k^{(N)} \right\| > N^\alpha} \right] = \int_{N^\alpha}^{\infty} \mathrm{P}\left[\left\| \Delta X_k^{(N)} \right\| \geqq t \right] dt \\ - N^\alpha + N^\alpha \mathrm{P}\left[\left\| \Delta X_k^{(N)} \right\| > N^\alpha \right]$$

なので，右辺に仮定 (6.19) と系 2.7 を $X = \|\Delta X\|$ として用いると，さらに，

$$\left\| \mathrm{E}[Y_k^{(N)}] \right\| \leqq \mathrm{E}[\,|\Delta X| \mathbf{1}_{|\Delta X| > N^\alpha}\,]$$

となる．単調収束定理 (1.14) から

$$\lim_{N \to \infty} \mathrm{E}[\,|\Delta X|\mathbf{1}_{|\Delta X|>N^\alpha}\,] = \mathrm{E}[\,|\Delta X|\lim_{N \to \infty} \mathbf{1}_{|\Delta X|>N^\alpha}\,] = 0$$

となることを合わせると，$N_0 = N_0(\epsilon)$ が存在して

$$\left\| \mathrm{E}[Y_k^{(N)}] \right\| \leqq \frac{\epsilon}{4}, \quad k = 1, \ldots, N, \ N \geqq N_0 \tag{6.28}$$

とできる．

これと (4.2) の (iii) を (3.10) と同様の使い方をしたのち，チェビシェフの不等式（(2.4) で $q = r\ell$）を用いると，

$$\sum_{N=N_0}^{\infty} \mathrm{P}\left[\left\| \sum_{k=1}^{N} Y_k^{(N)} \right\| > \frac{1}{2}N\epsilon \right]$$

$$\leqq \sum_{N=N_0}^{\infty} \mathrm{P}\left[\left\| \sum_{i=1}^{N} Y_i^{(N)} - \mathrm{E}[Y_i^{(N)}] \right\| + \sum_{i=1}^{N} \left\| \mathrm{E}[Y_i^{(N)}] \right\| > \frac{1}{2}N\epsilon \right]$$

$$\leqq \sum_{N=N_0}^{\infty} \mathrm{P}\left[\left\| \sum_{i=1}^{N} (Y_i^{(N)} - \mathrm{E}[Y_i^{(N)}]) \right\| > \frac{1}{4}N\epsilon \right]$$

$$\leqq \sum_{N=N_0}^{\infty} \left(\frac{4}{N\epsilon} \right)^{r\ell} \mathrm{E}\left[\left\| \sum_{i=1}^{N} (Y_i^{(N)} - \mathrm{E}[Y_i^{(N)}]) \right\|^{r\ell} \right] \tag{6.29}$$

を得る．

一般化したマルチンケヴィチ・ジグムンドの不等式 (6.21) を使う場面になったので，(6.23) の $\|u_k + m_k\|$ を評価する．$A_k^{(N,a)} = \left\{ \left\|\Delta X_k^{(N)}\right\| \leqq a \right\}$ において $a = N^\alpha$ とすると，ノルムの三角不等式から，

$$\|u_k + m_k\| \leqq \left\|\Delta X_k^{(N)}\right\| \mathbf{1}_{A_k^{(N,a)}} + 2 \left\|\mathrm{E}[X_k^{(N)}]\right\| \mathbf{1}_{A_k^{(N,a)}}$$
$$+ \left\|\mathrm{E}[X_k^{(N)}]\right\| \mathrm{P}[A_k^{(N,a)}] + \left\|\mathrm{E}[Y_k^{(N)}]\right\|$$

となり，初項は定義関数によって $\left\|\Delta X_k^{(N)}\right\| > N^\alpha$ ならば 0 になることに注意し，他の項については $0 \leqq \mathbf{1}_{A_k^{(N,a)}} \leqq 1$ と $0 \leqq \mathrm{P}[A_k^{(N,a)}] \leqq 1$ と (6.15) と (6.28) を用いると，

$$\|u_k + m_k\| \leqq N^\alpha + 3m + \frac{\epsilon}{4}, \quad N \geqq N_0$$

を得る．$\alpha > \frac{3}{4} > 0$ なので必要なら N_0 を大きくすることで，

$$1 + \sum_{k=1}^N \|u_k + m_k\| \leqq 2N^\alpha, \quad N \geqq N_0 \tag{6.30}$$

とできる．なお，(6.15) はこの $\|u_k + m_k\|$ の評価にしか用いないが，$K'_{U,r,q}$ よりも強い $K_{r,q}$ が成り立っていれば，$K'_{U,r,q}$ の定義 (4.10) の下の議論によって (6.21) で $\epsilon' = 0$ と置けるので，$\|u_k + m_k\|$ を評価する必要がないため，定理の主張の最後に書いたとおり仮定 (6.15) は不要である．

(6.21) と実確率変数列の大数の完全法則の証明のもう 1 点の違い，もう少し精密に書くと，$\mathbb{R}$ のヒンチンの不等式 (3.14) と $K'_{U,r,q}$ のもう 1 点の違いは，前者は後者の記号で $r = 2$ の場合に相当する点である．r が大きいほど評価が強く，(説明は省いたが $r = 2$ が中心極限定理の成立に相当して最善なので，) 実確率変数列の大数の完全法則の証明はここから先が短い．ここでは $1 < r \leqq 2$ と，弱い評価の場合も証明に含めるので，(6.30) 由来の負担と合わせて，3.1 節の定理 3.1 の証明にない細工が必要になる．

命題 6.3 の (6.21) で $q = r\ell$ と $a = N^\alpha$ と

$$0 < \epsilon' < \frac{1}{\alpha r \ell} \Big(((r-1)\ell - 1) \wedge 1 \wedge ((r-1)\ell(1-\alpha)) \Big) \tag{6.31}$$

6.4 セミノルム付き線形空間値の大数の完全法則

を満たす ϵ' と $\epsilon = 1$ と置いた式に (6.30) を用いる．証明冒頭で $\ell > \dfrac{1}{r-1}$ と選んだので (6.31) を満たす ϵ' は存在する．これと $\epsilon = 1$ と (6.31) を満たす ϵ' に対する (4.10) の C を (6.29) に用いて，

$$\sum_{N=N_0}^{\infty} \mathrm{P}\left[\left\|\sum_{k=1}^{N} Y_k^{(N)}\right\| > \frac{1}{2} N\epsilon\right]$$
$$\leq \sum_{N=N_0}^{\infty} \left(\frac{2^{2+\epsilon'} C C_{MZ}}{N^{1-\alpha\epsilon'}\epsilon}\right)^{r\ell} \mathrm{E}\left[\left(\sum_{k=1}^{N}\left\|Y_k^{(N)} - \mathrm{E}[Y_k^{(N)}]\right\|^r\right)^{\ell}\right]$$
$$+ \sum_{N=N_0}^{\infty} \left(\frac{4C_{MZ}}{N\epsilon}\right)^{r\ell} \tag{6.32}$$

となる．$\ell > \dfrac{1}{r-1}$ にとったので，$r\ell > 1$ だから右辺最後の項は収束する．
(6.20) と次数についての単調性 (1.19) から，

$$\mathrm{E}\left[\left\|\Delta X_k^{(N)}\right\|^s\right] \leq \mathrm{V}[X]^{s/2}, \quad k=1,\ldots,N,\ N=1,2,\ldots,\ 1 \leq s \leq 2 \tag{6.33}$$

が成り立つことに注意する．これに加えて，ノルムの三角不等式 (4.2) の (iii) と (6.28) と命題 2.1 と実確率変数の期待値の単調性と線形性を用いると，$b_s = 2^{s-1}\mathrm{V}[X]^{s/2} + \dfrac{1}{2}\left(\dfrac{\epsilon}{2}\right)^s$ と置くとき，

$$\mathrm{E}\left[\left\|Y_k^{(N)} - \mathrm{E}[Y_k^{(N)}]\right\|^s\right] \leq \mathrm{E}\left[\left(\left\|\Delta X_k^{(N)}\right\|\mathbf{1}_{\|\Delta X_k^{(N)}\|\leq N^\alpha} + \frac{\epsilon}{4}\right)^s\right]$$
$$\leq \mathrm{E}\left[\left(\left\|\Delta X_k^{(N)}\right\| + \frac{\epsilon}{4}\right)^s\right]$$
$$\leq 2^{s-1}\mathrm{E}\left[\left\|\Delta X_k^{(N)}\right\|^s\right] + 2^{s-1}\left(\frac{\epsilon}{4}\right)^s$$
$$\leq b_s, \quad N \geq N_0,\ 1 \leq s \leq 2 \tag{6.34}$$

が成り立つ．また，三角不等式，(6.28)，そして証明冒頭の注意のとおり $0 < \epsilon < 4$ から，

$$\left\|Y_k^{(N)} - \mathrm{E}[Y_k^{(N)}]\right\| \leq \left\|\Delta X_k^{(N)}\right\|\mathbf{1}_{\|\Delta X_k^{(N)}\|\leq N^\alpha} + \frac{\epsilon}{4}$$
$$\leq N^\alpha + \frac{\epsilon}{4} \leq 2N^\alpha, \quad N \geq N_0 \tag{6.35}$$

を得る．自然数 ℓ に対する条件は $\ell > \dfrac{1}{r-1}$ だけである．手始めに $r=2$ の場合を考えると $\ell=2$ とできる．$K'_{U,r,r\ell}$ が $\ell=2$ で成り立つとき，$r>1$ なので $2r-2>0$ に注意して，(6.34) と (6.35) と 6.3 節の設定の中の $\left\|Y_k^{(N,a)} - \mathrm{E}[Y_k^{(N,a)}]\right\|$, $k=1,\ldots,N$ の独立性を用いると，

$$\mathrm{E}\left[\left(\sum_{k=1}^N \left\|Y_k^{(N)} - \mathrm{E}[Y_k^{(N)}]\right\|^r\right)^\ell\right] = \mathrm{E}\left[\left(\sum_{k=1}^N \left\|Y_k^{(N)} - \mathrm{E}[Y_k^{(N)}]\right\|^r\right)^2\right]$$

$$= \sum_{k=1}^N \mathrm{E}\left[\left\|Y_k^{(N)} - \mathrm{E}[Y_k^{(N)}]\right\|^{2r}\right]$$

$$+ \sum_{(k,\ell);\ k\neq\ell} \mathrm{E}\left[\left\|Y_k^{(N)} - \mathrm{E}[Y_k^{(N)}]\right\|^r\right] \mathrm{E}\left[\left\|Y_\ell^{(N)} - \mathrm{E}[Y_\ell^{(N)}]\right\|^r\right]$$

$$\leqq (2N^\alpha)^{2r-2} \sum_{k=1}^N \mathrm{E}[\left\|Y_k^{(N)} - \mathrm{E}[Y_k^{(N)}]\right\|^2]$$

$$+ \left(\sum_{k=1}^N \mathrm{E}[\left\|Y_k^{(N)} - \mathrm{E}[Y_k^{(N)}]\right\|^r]\right)^2$$

$$\leqq 2^{2r-2} b_2 N^{1+2\alpha(r-1)} + b_r^2 N^2, \quad N \geqq N_0$$

を得る．他方，$r>1$ と (6.25) のうち $0<\alpha<1$ から

$$\epsilon' < \frac{(r-1)\ell - 1}{\alpha r \ell} \quad \Rightarrow \quad r\ell(1-\alpha\epsilon') - 2 > \ell - 1 = 1,$$

$$\epsilon' < \frac{(r-1)\ell(1-\alpha)}{\alpha r \ell} \quad \Rightarrow \quad r\ell(1-\alpha\epsilon') - 1 - 2\alpha(r-1)$$

$$> (r-1)(\ell-2)\alpha + \ell - 1 = 1$$

だから，級数 (6.32) が収束し，(6.24) が成り立つので，$\ell=2$, つまり $r=2$ のとき定理の主張が証明できた．

一般の自然数 ℓ に対して同様に，(6.32) の右辺の k についての和の ℓ 乗を展開する．展開の各項について，添字のうち現れる因子が 1 つだけのものを s 個，同じ添字を複数の因子が持つものを t 個として，t 組のそれぞれの因子の個数を $q_1 \geqq q_2 \geqq \cdots \geqq q_t \geqq 2$ と置くと，$\sum_{i=1}^t q_i + s = \ell$ であって，$q_i \geqq 2$

から $\ell \geqq s + 2t$ が成り立つ．$r > 1$ も思い出すと $q_i r - 2 > 0$ なので，$\ell = 2$ のときの展開計算の右辺初項と同様に，指数 2 のぶんは $\mathrm{E}[\cdot]$ に残して残りは (6.35) で評価することで

$$\mathrm{E}\left[\left\|Y_k^{(N)} - \mathrm{E}[Y_k^{(N)}]\right\|^{q_i r}\right] \leq (2N^\alpha)^{q_i r - 2} b_2$$

と評価できることに注意すると，その項の (6.32) への寄与の N の分母の次数は

$$\ell r(1 - \alpha \epsilon') - (t + s) - \alpha \sum_{i=1}^{t}(q_i r - 2)$$
$$= \ell r(1 - \alpha \epsilon') - t - s - \alpha r(\ell - s) + 2\alpha t$$
$$= ((1-\alpha)\ell + \alpha s)(r-1) + t + (1-\alpha)(\ell - s - 2t) - \alpha \epsilon' r \ell$$
$$\geqq ((1-\alpha)\ell + \alpha s)(r-1) + t - \alpha \epsilon' r \ell$$

と評価できる．

$r > 1$ と $0 < \alpha < 1$ を思い出すと，$t \geqq 2$ ならば (6.31) のうち $0 < \epsilon' < \dfrac{1}{\alpha r \ell}$ から

$$((1-\alpha)\ell + \alpha s)(r-1) + t - \alpha \epsilon' r \ell \geqq t - \alpha \epsilon' r \ell > t - 1 \geqq 1,$$

$t = 0$ ならば $s = \ell$ と (6.31) のうち $0 < \epsilon' < \dfrac{(r-1)\ell - 1}{\alpha r \ell}$ から

$$((1-\alpha)\ell + \alpha s)(r-1) + t - \alpha \epsilon' r \ell = \ell(r-1) - \alpha \epsilon' r \ell > 1,$$

$t = 1$ ならば (6.31) のうち $0 < \epsilon' < \dfrac{(r-1)\ell(1-\alpha)}{\alpha r \ell}$ から

$$((1-\alpha)\ell + \alpha s)(r-1) + t - \alpha \epsilon' r \ell \geqq (1-\alpha)\ell(r-1) + 1 - \alpha \epsilon' r \ell > 1$$

となって，いずれも (6.32) は収束するから，定理の主張が証明された． □

6.5　例：一様評価のノルム付き線形空間再訪

6.4 節の定理 6.4 の証明によって，一般化ヒンチンの不等式と考える性質 $K'_{U,r,q}$ を持つセミノルム付き線形空間 $(V, \|\cdot\|)$ に値をとる関数列の大数の完

全法則の統一的な証明ができた.しかし,6.3 節に置いた長い仮定は考察対象の確率空間を選ぶごとに要請の成立を証明しなければいけない.

独立実確率変数列の大数の完全法則とグリヴェンコ・カンテリの定理は,(線形空間 V が実数の部分集合上の実数値関数の集合で一様評価のノルムを考えていて,しかもそのノルムが高々可算個の点での一様評価で書けるという)共通の良い性質を持つ.この場合には仮定を大幅に単純化できる.

V を集合 S 上の実数値関数たち(全部でなくてよい)を要素とする線形空間とし,$\|\cdot\|$ を V 上の一様評価のノルム

$$\|v\| = \sup_{s \in S} |v(s)| \tag{6.36}$$

として,ノルム付き線形空間 $(V, \|\cdot\|)$ を考え,かつ,可算集合 $S_Q \subset S$ が存在して

$$\|v\| = \sup_{s \in S_Q} |v(s)| \tag{6.37}$$

を満たすとする.また,$U \subset V$ が (4.9) を満たすとする.

$(\Omega, \mathcal{F}, \mathrm{P})$ を確率空間とし,V 値関数 $Z\colon \Omega \to V$ であって各 $s \in S$ での関数値が定義する Ω 上の実数値関数 $Z(s)\colon \Omega \to \mathbb{R}$ が実確率変数,すなわち

$$\{Z(s) \geqq a\} \in \mathcal{F}, \quad a \in \mathbb{R},\ s \in S$$

を満たすものであって,さらに,その期待値が有限なもの全体を $\tilde{\mathcal{V}}$ と置く:

$$\tilde{\mathcal{V}} = \{Z\colon \Omega \to V \mid (\forall s \in S)\ Z(s)\text{ は実確率変数で,かつ } \mathrm{E}[\,Z(s)\,] \in \mathbb{R}\}. \tag{6.38}$$

そして写像 $\mathrm{E}[\,\cdot\,]\colon \tilde{\mathcal{V}} \to V$ を

$$\mathrm{E}[\,Z\,](s) = \mathrm{E}[\,Z(s)\,], \quad s \in S \tag{6.39}$$

によって定義する.$\mathrm{E}[\,\cdot\,]$ が線形写像であることは実確率変数の期待値の線形性と,関数に対する線形演算が各点での関数値に対する線形演算で定義されることから導かれる.

ノルム付き線形空間 $(V, \|\cdot\|)$ と確率空間 $(\Omega, \mathcal{F}, \mathrm{P})$ について以上の仮定の下で,6.3 節の残りの仮定は次のようにまとめることができる.

命題 6.5 $\tilde{\mathcal{V}}$ の列

$$X_k^{(N)} \in \tilde{\mathcal{V}}, \quad k=1,2,\ldots,N,\ N=1,2,\ldots \qquad (6.40)$$

が U 値 ($X_k^{(N)}\colon \Omega \to U$) で, かつ, 各 N ごとに, 可算個の実確率変数の集合 $\{X_k^{(N)}(s) \mid s \in S_Q\}$ の $k=1,\ldots,N$ についての列が独立で, (6.15) と (6.19) を満たすならば, 6.3 節の要請（仮定）がすべて成り立つ. ◇

証明 定義 (6.38) から $\tilde{\mathcal{V}}$ は線形空間なので, 仮定 (6.40) から $A \in \mathcal{F}$ ならば $X_k^{(N)} \mathbf{1}_A \in \tilde{\mathcal{V}}$ となることと合わせると $\mathcal{V} \subset \tilde{\mathcal{V}}$ である. $\tilde{\mathcal{V}}$ に対して (6.39) が定義されているので, (6.15) を仮定していることと合わせて, 6.3 節の要請の (i) は成り立つ.

(6.37) から $Z \in \tilde{\mathcal{V}}$ に対して $\|Z\|$ は（可算個の実確率変数の上限で与えられるので）実確率変数である. したがって 6.3 節の要請の (ii) も成り立つ.

(6.37) と (6.39) と実確率変数の期待値の単調性 (1.15) から $Z \in \tilde{\mathcal{V}}$ に対して

$$\|\mathrm{E}[Z]\| = \sup_{s \in S_Q} |\mathrm{E}[Z](s)| = \sup_{s \in S_Q} |\mathrm{E}[Z(s)]|$$
$$\leqq \mathrm{E}[\sup_{s \in S_Q} |Z(s)|] = \mathrm{E}[\|Z\|] \qquad (6.41)$$

を得るので, 特に (6.16) が成り立つ.

6.3 節の要請の (iv) は, 主張で仮定した独立性から得る. 主張で (6.19) も仮定したので, 6.3 節の仮定のうちあとは (6.18) を証明すればよい. $A \in \mathcal{F}$ および $q \geqq 1$ とする. 自然数 N に対して長さ N の $\tilde{\mathcal{V}}$ の列 Z_k, $k=1,\ldots,N$ について, $\{Z_k(s) \mid s \in S_Q\}$, $k=1,\ldots,N$ が独立とする. このとき (6.37) と (6.39) で実確率変数 $Z_k(s)$ たちで書き直して,

$$\mathrm{E}\left[\left\|\sum_{k=1}^N (Z_k - \mathrm{E}[Z_k])\right\|^q\right] = \mathrm{E}\left[\sup_{s \in S_Q} \left|\sum_{k=1}^N (Z_k(s) - \mathrm{E}[Z_k(s)])\right|^q\right]$$

を得る. 右辺には V 値関数はなく, 可算個の実確率変数があるだけなので, 定理 3.6 の証明と同様に, 各 k に対して組 $\mathcal{Z}_k := \{Z_k(s) \mid s \in S_Q\}$ と独立同分布で $\ell \neq k$ なる $Z_\ell(s)$ たちとも独立なコピー $\mathcal{Z}'_k = \{Z'_k(s) \mid s \in S_Q\}$ を用

意して，3.3 節で導入した条件付き期待値 $\mathrm{E}[\,\cdot\,\mid \sigma[\{Z_k \mid k=1,\ldots,k\}]\,]$ を用いて書くことでさらに，

$$\mathrm{E}\left[\left\|\sum_{k=1}^{N}(Z_k - \mathrm{E}[\,Z_k\,])\right\|^q\right]$$
$$= \mathrm{E}\left[\sup_{s \in S_Q}\left|\mathrm{E}\left[\sum_{k=1}^{N}(Z_k(s) - Z'_k(s))\,\bigg|\, \sigma[\{Z_k \mid k=1,\ldots,k\}]\right]\right|^q\right]$$

を得る．

次に，$q \geqq 1$ とイェンセンの不等式 (3.23) と期待値の単調性から

$$\mathrm{E}\left[\left\|\sum_{k=1}^{N}(Z_k - \mathrm{E}[\,Z_k\,])\right\|^q\right] \leqq \mathrm{E}\left[\sup_{s \in S_Q}\left|\sum_{k=1}^{N}(Z_k(s) - Z'_k(s))\right|^q\right]$$

を得る．ここで（実確率変数列の）マルチンケヴィチ・ジグムンドの不等式の証明の (3.33) と同様の対称性と同分布性によって

$$\mathrm{E}\left[\sup_{s \in S_Q}\left|\sum_{k=1}^{N}(Z_k(s) - Z'_k(s))\right|^q\right]$$
$$= \mathrm{E}\left[\mathrm{E}_\xi\left[\sup_{s \in S_Q}\left|\sum_{k=1}^{N}\xi_k(Z_k(s) - \mathrm{E}[\,Z_k(s)\,])\right.\right.\right.$$
$$\left.\left.\left.- \sum_{k=1}^{N}\xi_k(Z'_k(s) - \mathrm{E}[\,Z'_k(s)\,])\right|^q\right]\right]$$

を得るので，命題 2.1 と同分布性を用いた後に (6.37) を用いると

$$\mathrm{E}\left[\left\|\sum_{k=1}^{N}(Z_k - \mathrm{E}[\,Z_k\,])\right\|^q\right] \leqq 2^q\,\mathrm{E}\left[\mathrm{E}_\xi\left[\left\|\sum_{k=1}^{N}\xi_k(Z_k - \mathrm{E}[\,Z_k\,])\right\|^q\right]\right]$$

を得る．特に $Z_k = Y_k^{(N,a)}$ とすれば (6.18) を $C_{MZ} = 2$ で得る． □

命題 6.5 の具体例として，V を 5.2 節で定義した $\mathbb{R}$ 上の右連続有界変動関数をすべて集めた線形空間 $V = BV(\mathbb{R})$ として，$\|\cdot\|$ を実数値関数の一様評価のノルムとする．S_Q を有理数をすべて集めた集合 $\mathbb{Q}$ に選ぶと S_Q は $S = \mathbb{R}$

6.5 例：一様評価のノルム付き線形空間再訪

の中で稠密な可算集合である．右連続性から $v \in BV(\mathbb{R})$ に対して，

$$v(x) = \lim_{y \to x+0;\, y \in \mathbb{Q}} v(y)$$

だから，v は可算個の値 $\{v(s) \mid s \in \mathbb{Q}\}$ の極限で決まり，特に，$x \in \mathbb{R}$ に対して（特に無理点でも）

$$|v(x)| \leq \sup_{y \in \mathbb{Q}} |v(y)|$$

を得るので，(6.37) が成り立つ．

$U \subset V = BV(\mathbb{R})$ を非減少な $\mathbb{R}$ 上の右連続有界変動関数をすべて集めた集合とすれば，定理 5.5 から $(BV(\mathbb{R}), \|\cdot\|)$ は任意の $q \geq 1$ に対して性質 $K'_{U,2,q}$ を持つ．$\tilde{\mathcal{V}}$ と $\mathrm{E}[\cdot]$ を (6.38) と (6.39) に従って定めると 6.5 節の設定がすべて成立して，命題 6.5 と定理 6.4 から次の意味で有界変動関数空間の大数の完全法則が成り立つ．

系 6.6 一様評価のノルム付きの $\mathbb{R}$ 上の右連続実有界変動関数の線形空間 $(V, \|\cdot\|) = (BV(\mathbb{R}), \|\cdot\|)$ において $BV(\mathbb{R})$ の非減少関数をすべて集めた部分集合を U と置く．確率空間 $(\Omega, \mathcal{F}, \mathrm{P})$ 上の U 値関数列 $X_k^{(N)} \colon \Omega \to U$, $k = 1, \ldots, N$, $N = 1, 2, \ldots$ について，各有理点 $x \in \mathbb{Q}$ に対して $X_k^{(N)}(s) \colon \Omega \to \mathbb{R}$ が期待値有限な実確率変数で，一様に有界，すなわち $\sup_{N,k,s} |\mathrm{E}[X_k^{(N)}(s)]| < \infty$ を満たし，各 N ごとに，可算個の実確率変数の集合 $\{X_k^{(N)}(s) \mid s \in \mathbb{Q}\}$ の $k = 1, \ldots, N$ についての列が独立で，かつ，期待値と分散が有限な実確率変数 X が存在して，$\Delta X = X - \mathrm{E}[X]$ と書くとき，各 N と k と $a \geq 0$ に対して (6.19) を満たすならば，U 値の大数の完全法則 (6.24) が成り立つ． ◇

5.4 節の設定の下で本章の設定がすべて成り立ち，系 6.6 の結論 (6.24) は定理 5.6 の結論 (5.27) に一致するので，系 6.6 は定理 5.6 の，一般化ヒンチンの不等式 $K'_{U,2,q}$ 経由の別証明である．（期待値の評価の仮定は若干異なるが，本来のグリヴェンコ・カンテリの定理はどちらの仮定も満たす．）

一様評価のノルム (4.15) 付き有限次元数ベクトル空間 $(\mathbb{R}^d, \|\cdot\|_\infty)$ も命題 6.5 の（より簡単な）具体例である．自然数 d に対して V を d 次元数ベクトル空間 $V = \mathbb{R}^d$ として，$\|\cdot\|$ を一様評価のノルムとした場合を考える．6.5 節

の設定において，$S = \{1, \ldots, d\} \subset \mathbb{R}$ と置けば，(5.37) によって，$V = \mathbb{R}^d$ は S 上の実数値関数の集合と同一視できて，(6.36) は $\mathbb{R}^d$ の一様評価のノルム (4.18) に一致し，(6.37) が有限集合 $S_Q = S$ に対して成り立つ．確率空間 $(\Omega, \mathcal{F}, \mathrm{P})$ 上の V 値関数 $Z\colon \Omega \to \mathbb{R}^d$ であって，各成分ごとに実確率変数で期待値有限であるようなものの全体を $\tilde{\mathcal{V}}$ と置き，各成分ごとの期待値を成分とする数ベクトルを $\mathrm{E}[Z]$ と定義すれば (6.39) も成り立つ．セミノルム付き有限次元線形空間では $K_{2,q}, q \geqq 1$ が成り立つことは 4.4 節に示したので $K'_{V,2,q} = K_{2,q}$ が成り立つ．よって命題 6.5 と定理 6.4 から次の意味で最大値ノルム付き有限次元線形空間の大数の完全法則が成り立つ．

系 6.7 一様評価のノルム付き d 次元線形空間 $(V, \|\cdot\|) = (\mathbb{R}^d, \|\cdot\|_\infty)$ に値をとる確率空間 $(\Omega, \mathcal{F}, \mathrm{P})$ 上の関数列 $X_k^{(N)} = (X_{k,1}^{(N)}, \ldots, X_{k,d}^{(N)})$, $k = 1, \ldots, N$, $N = 1, 2, \ldots$ について，各成分 $X_{k,i}^{(N)}\colon \Omega \to \mathbb{R}$ が期待値有限な実確率変数で，各 N ごとに，長さ d の実確率変数列の集合 $\{X_{k,i}^{(N)} \mid i = 1, \ldots, d\}$ の $k = 1, \ldots, N$ についての列が独立（(5.22) の，実確率変数列の間の意味で独立）で，かつ，期待値と分散が有限な実確率変数 X が存在して，$\Delta X = X - \mathrm{E}[X]$ と書くとき，各 N と k と $a \geqq 0$ に対して (6.19) を満たすならば，V 値の大数の完全法則 (6.24) が成り立つ． ◇

もちろん $d = 1$ の場合は，$\|\cdot\| = \|\cdot\|_\infty = |\cdot|$ なので，系 6.7 の仮定は定理 3.1 の仮定と一致し，系 6.7 の結論 (6.24) は定理 3.1 の (3.4) に一致する．すなわち系 6.7 は有限次元線形空間の再証明である．

ヒンチンの不等式の一般化については，凸性に関連した線形空間の幾何的性質としてどこまでどのように一般化できるかは別にして，それなりに設定ははっきりしているが，それを大数の完全法則につなげる 6.3 節の要請（確率空間の仮定）はわかりにくい．特に，6.3 節の仮定のうち一般化ヒンチンの不等式 $K'_{U,r,q}$ を一般化マルチンケヴィチ・ジグムンドの不等式につなぐ (6.18) が成り立つことによって，期待値を正負の打消しが偏差の打消しになる「対称性の中間点」として間接的に定義する意義があるかは興味があるが，筆者にはわからない．

参考文献

[1] P. Billingsley, *Convergence of probability measures*, 2nd ed., 1999, John Wiley & Sons, New York.

[2] Y. S. Chow, H. Teicher, *Probability theory: Independence, Interchangeability, Martingales*, 3rd ed., Springer, 2003.

[3] R. M. Dudley, *Uniform Central Limit Theorems*, 2nd ed., 2014, Cambridge UP, New York, Cambridge Studies in Advanced Mathematics 0950-6330.

[4] P. Erdős, On a Theorem of Hsu and Robbins, *The Annals of Mathematical Statistics* **20-2** (1949.6) 286–291.

[5] P. Erdős, Remark on my Paper 'On a Theorem of Hsu and Robbins', *The Annals of Mathematical Statistics* **21-1** (1950.3) 138.

[6] N. Etemadi, An elementary proof of the strong law of large numbers, *Z. Warsch. verw. Gebiete* **55** (1981) 119–122.

[7] P. R. Halmos, *Measure theory*, Springer, 1974.

[8] 原啓介, 『測度・確率・ルベーグ積分』, 講談社, 2017.

[9] G. Hardy, J. E. Littlewood, G. Pólya, *Inequalities*, 2nd ed., Cambridge Univ. Press, 1952.

[10] 服部哲弥, 『ランダムウォークとくりこみ群―確率論から数理物理学へ―』（シリーズ「新しい解析学の流れ」）, 共立出版, 2004.

[11] 服部哲弥, 『Amazon ランキングの謎を解く―確率的な順位付けが教える売上の構造』, 化学同人出版社, 2011.

[12] 服部哲弥, 伊藤清三『ルベーグ積分』裳華房・数学選書 4 第 35 版 p.136 の補足, http://web.econ.keio.ac.jp/staff/hattori/kaierr.htm

[13] T. Hattori, Doubly uniform complete law of large numbers for independent point processes, *Journal of Mathematical Sciences the University of Tokyo* **25** (2018) 1–22.

[14] T. Hattori, Cancellation of fluctuation in stochastic ranking process with space-time dependent intensities, *Tohoku Mathematical Journal*, to appear, http://arxiv.org/abs/1612.09398.

[15] T. Hattori, Point process with last-arrival-time dependent intensity and 1-dimensional incompressible fluid system with evaporation, *Funkcialaj Ekvacioj* **60** (2017) 171–212.

[16] T. Hattori, S. Kusuoka, Stochastic ranking process with space-time dependent intensities, *ALEA, Lat. Am. J. Probab. Math. Stat.* **9-2** (2012) 571–607.

[17] 樋口保成，『パーコレーション―ちょっと変わった確率論入門』遊星社，1992．

[18] 一松信，『解析学序説』上巻，裳華房．

[19] P. L. Hsu, H. Robbins, Complete convergence and the law of large numbers, *Proc. Nat. Acad. Sci. U.S.A.* **33** (1947) 25–31.

[20] 伊藤清，『確率論』（岩波講座基礎数学），岩波書店，1978．

[21] 伊藤清三，『ルベーグ積分入門』，裳華房，1963．

[22] P. Lancaster, H. K. Farahat, Norms on Direct Sums and Tensor Products, *Mathematics of computation* **26** 118 (1972) 401–414.

[23] W. J. Padgett, R. L. Taylor, *Laws of Large Numbers for Normed Linear Spaces and Certain Frechet Spaces*, Lecture Notes in Mathematics 360, Springer, 1973.

[24] A. W. van der Vaart, J. A. Wellner, *Weak Convergence and Empirical Processes: With Applications to Statistics*, 2nd ed., Springer, 2000.

[25] D. Williams, *Probability with martingales*, Cambridge University Press, 1991．（赤堀次郎，原啓介，山田俊雄 訳，『マルチンゲールによる確率論』培風館，2004．）

索　引

■数字，欧字

$\forall, \exists$, 34
$\vee, \wedge$, 28
$\mathbf{1}_A$（集合の定義関数），8

Bernoulli（ベルヌーイ）列，5
Borel–Cantelli（ボレル・カンテリ）の定理，50
Borel（ボレル）可測（集合，関数），8, 141, 147
$B_r(x)$（開球），36, 93, 97
$BV(\mathbb{R})$（有界変動関数の空間），118

Cauchy–Schwarz（コーシー・シュワルツ）の不等式，31, 93
Chebyshev（チェビシェフ）の不等式，29

$\mathrm{E}[\cdot]$（期待値），9, 33, 109
$\mathrm{E}_\xi[\cdot]$（ラーデマッヘル列についての平均），64, 86

Glivenko–Cantelli（グリヴェンコ・カンテリ）の定理，21, 24, 129, 131, 142, 147, 167

Hoeffding（ヘフディン）の補題，72
Hölder（ヘルダー）の不等式，31

Jensen（イェンセン）の不等式，70, 73

$K'_{U,r,q}, K_{r,q}$（一般化ヒンチンの不等式），86, 88, 102, 104, 110, 122, 134, 139, 155, 156, 167

Khintchine（ヒンチン）の不等式，63, 65, 73, 83, 86, 102, 104, 122–124, 134, 137, 139, 154, 167
L^0（確率変数の集合），37
$\overline{\lim}, \underline{\lim}$, 35
L^p 収束，p 次平均収束，38, 41
Lyapounov（リャプノフ）の不等式，31

Marcinkiewicz–Zygmund（マルチンケヴィチ・ジグムンド）の不等式，63, 72, 154, 155, 160, 166
MOBD（有界差異法），105

P_ξ（ラーデマッヘル列の割合），105
p 次平均収束，L^p 収束，38, 41

Rademacher（ラーデマッヘル）列，5, 48, 64, 74, 86, 105, 123, 126, 135, 152

Schwarz（シュワルツ）の不等式
　　⇒ Cauchy–Schwarz の不等式
σ（シグマ）加法族，σ 加法性，7, 45

■あ行

イェンセン（Jensen）の不等式，70, 73
1 次独立，1 次従属，89
一様凸性（ノルム付き線形空間の），102

■か行

開球 $B_r(x)$（（擬）距離空間の），36, 93, 97

開集合（(擬) 距離空間の），36
概収束, 5, 13, 15, 16, 22, 24, 42, 45, 48, 52, 149, 150, 154
確率収束, 16, 30, 39, 41, 45, 48, 55
確率測度, 7
確率変数, 8, 141
数ベクトル, 84
可測集合, 7
可分, 142
完全収束, 16, 24, 50, 51, 58, 129, 133, 149, 150, 154

擬距離，距離, 35, 84, 85, 97
期待値, 9, 33, 109
基底（線形空間の），90
逆像, 7

矩形集合, 143
グリヴェンコ (Glivenko)・カンテリ (Cantelli) の定理, 21, 24, 129, 131, 142, 147, 167

経験分布, 23

コーシー (Cauchy)・シュワルツ (Schwarz) の不等式, 31, 93
コルモゴロフ (Kolmogorov) の公理, 6

■さ行
座標（線形空間の要素の），90, 95

シグマ (σ) 加法族，シグマ加法性, 7, 45
ジグムンド (Zygmund) の不等式 ⇒ マルチンケヴィチ・ジグムンドの不等式
次元（線形空間の），89
実確率変数, 6, 8
集合族, 6
収束（(擬) 距離空間の点列），37
集中不等式, 105
シュワルツ (Schwarz) の不等式 ⇒ コーシー・シュワルツの不等式

条件付き期待値 $E[\cdot \mid \cdot]$, 63, 68, 73

正規直交基底, 94
生成（線形空間を），90
正負の打ち消し, 1–3, 15, 20, 63, 65, 86, 154
成分（線形空間の要素の），90, 95
セミノルム, 85, 89, 142, 146, 147
線形空間, 84
線形写像, 91

増分, 18
測度収束, 40

■た行
大数の完全法則, 14, 17–19, 57, 73, 131, 133, 147, 156
大数の強法則, 3, 5, 15, 17, 76
大数の弱法則, 30
タイプライター列, 45, 49, 126
単調収束定理, 9

チェビシェフ (Chebyshev) の不等式, 29
中線定理, 99
直積集合，直積空間, 142
直積測度, 144

集合の定義関数 1_A, 8

独立, 12, 14, 19, 51, 128, 143, 148, 154
1 次独立，1 次従属, 89
凸関数, 69

■な行
内積, 93, 99

ノルム, 84, 89, 142, 146, 147
ノルムの同値性（有限次元線形空間の），91

■は行
非可分, 142

索　引

標準の基底, 90
ヒンチン (Khintchine) の不等式, 63, 65, 73, 83, 86, 102, 104, 122–124, 134, 137, 139, 154, 167

分散, 3, 15
分散の加法性, 12
分布（確率変数の）, 7, 8
分布関数, 22, 33, 109, 114

ヘフディン (Hoeffding) の補題, 72
ヘルダー (Hölder) の不等式, 31
ベルヌーイ (Bernoulli) 列, 5
偏差, 3
変動（関数の）, 118

法則収束, 54
ボレル (Borel) 可測（集合，関数）, 8, 141, 147
ボレル (Borel)・カンテリ (Cantelli) の定理, 50

■ま行
マルチンケヴィチ (Marcinkiewicz)・ジグムンド (Zygmund) の不等式, 63, 72, 154, 155, 160, 166

モーメント, 11, 15, 19

■や行
有界差異法 (MOBD), 105
有界変動関数の空間 $BV(\mathbb{R})$, 118

■ら行
ラーデマッヘル (Rademacher) 列, 5, 48, 64, 74, 86, 105, 123, 126, 135, 152

離散位相, 36, 145
リャプノフ (Lyapounov) の不等式, 31

Memorandum

Memorandum

Memorandum

Memorandum

Memorandum

【著者紹介】

服部哲弥（はっとり てつや）
1985年　東京大学大学院理学系研究科博士課程修了
現　在　慶應義塾大学経済学部 教授
　　　　理学博士（東京大学）
専　門　数理物理学，確率過程論
著　書　『ランダムウォークとくりこみ群（新しい解析学の流れ）』（共立出版, 2004）
　　　　『Amazon ランキングの謎を解く―確率的な順位付けが教える売上の構造（DOJIN 選書39）』（化学同人，2011）
　　　　『統計と確率の基礎 第3版』（学術図書出版社，2014）

確率変数の収束と大数の完全法則 　―少しマニアックな確率論入門 *Convergence of Stochastic Variables* *and Complete Law of Large Numbers* *　　―Another Introduction* 2019 年 2 月 28 日　初版 1 刷発行	著　者　服部哲弥　ⓒ 2019 発行者　南條光章 発行所　共立出版株式会社 　　　　〒 112-0006 　　　　東京都文京区小日向 4 丁目 6 番 19 号 　　　　電話 03-3947-2511　（代表） 　　　　振替口座 00110-2-57035 　　　　www.kyoritsu-pub.co.jp 印　刷　加藤文明社 製　本　ブロケード

一般社団法人
自然科学書協会
会員

検印廃止
NDC 417.1
ISBN 978-4-320-11350-3

Printed in Japan

JCOPY <出版者著作権管理機構委託出版物>
本書の無断複製は著作権法上での例外を除き禁じられています．複製される場合は，そのつど事前に，出版者著作権管理機構（ＴＥＬ：03-5244-5088，ＦＡＸ：03-5244-5089，e-mail：info@jcopy.or.jp）の許諾を得てください．

共立叢書 現代数学の潮流

編集委員：岡本和夫・桂　利行・楠岡成雄・坪井　俊

新しいが変わらない数学の基礎を提供した「共立講座 21世紀の数学」に引き続き，21世紀初頭の数学の姿を描くシリーズ。これから順次出版されるものは，伝統に支えられた分野，新しい問題意識に支えられたテーマ，いずれにしても現代の数学の潮流を表す題材であろうと自負する。学部学生，大学院生はもとより，研究者を始めとする数学や数理科学に関わる多くの人々にとり，指針となれば幸いである。

各冊：A5判・上製
（税別本体価格）

離散凸解析
室田一雄著　序論／組合せ構造をもつ凸関数／離散凸集合／M凸関数／L凸関数／共役性と双対性／ネットワークフロー／アルゴリズム／数理経済学への応用／他‥‥318頁・本体4,000円

積分方程式 ―逆問題の視点から―
上村　豊著　Abel積分方程式とその遺産／非線形Abel積分方程式とその応用／Wienerの構想とたたみこみ方程式／乗法的Wiener–Hopf方程式／付録／他‥‥‥‥‥304頁・本体3,600円

リー代数と量子群
谷崎俊之著　リー代数の基礎概念／カッツ・ムーディ・リー代数／有限次元単純リー代数／アフィン・リー代数／量子群／付録：本文補遺・関連する話題／他‥‥‥‥276頁・本体3,800円

グレブナー基底とその応用
丸山正樹著　可換環／グレブナー基底／消去法とグレブナー基底／代数幾何学の基本概念／次元と根基／自由加群の部分加群のグレブナー基底／付録：層の概説／他‥272頁・本体3,600円

多変数ネヴァンリンナ理論とディオファントス近似
野口潤次郎著　有理型関数のネヴァンリンナ理論／第一主要定理／他‥‥276頁・本体3,600円

超函数・FBI変換・無限階擬微分作用素
青木貴史・片岡清臣・山崎　晋著　多変数整型函数とFBI変換／超函数と超局所函数／超函数の諸性質／他‥‥‥‥‥324頁・本体4,000円

可積分系の機能数理
中村佳正著　モーザーの戸田方程式研究：概観／直交多項式と可積分系／直交多項式のクリストフェル変換とqdアルゴリズム／dLV型特異値計算アルゴリズム／他‥‥224頁・本体3,600円

代数方程式とガロア理論
中島匠一著　代数方程式／多項式の既約性／線型空間／体の代数拡大／ガロア理論／ガロア理論の応用／付録：必要事項のまとめ／参考文献／索引‥‥‥‥‥‥‥444頁・本体4,000円

レクチャー結び目理論
河内明夫著　結び目の科学／絡み目の表示／絡み目に関する初等的トポロジー／標準的な絡み目の例／ゲーリッツ不変量／ジョーンズ多項式／スケイン多項式／他‥‥208頁・本体3,600円

ウェーブレット
新井仁之著　有限離散ウェーブレットとフレーム／無限離散信号に対するフレームとマルチレート信号処理／連続信号に対するウェーブレット・フレーム／他‥‥‥480頁・本体5,200円

微分体の理論
西岡久美子著　基礎概念／万有拡大／線形代数群／Picard-Vessiot拡大／1変数代数関数体／微分付値型拡大と既約性／微分加群の応用／参考文献／索引‥‥‥‥‥214頁・本体3,600円

相転移と臨界現象の数理
田崎晴明・原　隆著　相転移と臨界現象／基本的な設定と定義／相転移と臨界現象入門／有限格子上のIsing模型／無限体積の極限／高温相／低温相／臨界現象／他‥‥422頁・本体3,800円

代数的組合せ論入門
坂内英一・坂内悦子・伊藤達郎著　古典的デザイン理論と古典的符号理論／アソシエーションスキーム上の符号とデザイン／P-かつQ-多項式スキーム／他‥‥‥‥526頁・本体5,800円

保型形式特論
伊吹山知義著　ジーゲル保型形式の基礎／ジーゲル保型形式とテータ関数／ジーゲル保型形式上の微分作用素／ヤコビ形式の理論／分数ウェイトの保型形式／他‥‥480頁・本体5,400円

https://www.kyoritsu-pub.co.jp　　**共立出版**　　（価格は変更される場合がございます）

統計学 One Point

鎌倉稔成（委員長）・江口真透・大草孝介・酒折文武・瀬尾 隆・椿 広計
西井龍映・松田安昌・森 裕一・宿久 洋・渡辺美智子［編集委員］

統計学で注目すべき概念や手法，つまずきやすいポイントを取り上げて，第一線で活躍している経験豊かな著者が明快に解説するシリーズ。統計学を学ぶ学生の理解を助け，統計的分析を行う研究者や現役のデータサイエンティストの実践にも役立つ，統計学に携わるすべての人へ送る解説書。

各巻：A5判・並製
税別本体価格

❶ゲノムデータ解析
冨田　誠・植木　優夫著
目次：ゲノムデータ解析（ゲノムデータ解析の流れ他）／ハプロタイプ解析（ハプロタイプの推定他）／遺伝疫学手法／他
116頁・2200円・ISBN978-4-320-11252-0

❷カルマンフィルタ
Rを使った時系列予測と状態空間モデル
野村俊一著
目次：確率分布と時系列に関する準備事項／ローカルレベルモデル／他
166頁・2200円・ISBN978-4-320-11253-7

❸最小二乗法・交互最小二乗法
森　裕一・黒田正博・足立浩平著
目次：最小二乗法（統計手法への利用他）／交互最小二乗法（交互最小二乗法の代表例他）／関連する研究と計算環境／他
120頁・2200円・ISBN978-4-320-11254-4

❹時系列解析
柴田里程著
目次：時系列（スペクトル表現他）／弱定常時系列の分解と予測／時系列モデル／多変量時系列（多変量時系列の性質他）／他
134頁・2200円・ISBN978-4-320-11255-1

❺欠測データ処理
Rによる単一代入法と多重代入法
高橋将宜・渡辺美智子著
目次：Rによるデータ解析／不完全データの統計解析／単一代入法／他
208頁・2200円・ISBN978-4-320-11256-8

❻スパース推定法による統計モデリング
川野秀一・松井秀俊・廣瀬 慧著
目次：線形回帰モデルとlasso／lasso正則化項の拡張／構造的スパース正則化／他
168頁・2200円・ISBN978-4-320-11257-5

❼暗号と乱数 乱数の統計的検定
藤井光昭著
目次：2進法の世界における確率法則／乱数を用いての暗号化送信における統計的問題／暗号化送信に用いる乱数の統計的検定／他
116頁・2200円・ISBN978-4-320-11258-2

❽ファジィ時系列解析
渡辺則生著
目次：ファジィ理論と統計／ファジィ集合／ファジィシステム／時系列モデル／非線形時系列モデル／ファジィ時系列モデル／他
112頁・2200円・ISBN978-4-320-11259-9

❾計算代数統計
グレブナー基底と実験計画法
青木　敏著
目次：グレブナー基底入門／グレブナー基底と実験計画法／他
180頁・2200円・ISBN978-4-320-11260-5

❿テキストアナリティクス
金　明哲著
目次：テキストアナリティクス／テキストアナリシスのための前処理／テキストデータの視覚化／テキストの特徴分析／他
224頁・2300円・ISBN978-4-320-11261-2

https://www.kyoritsu-pub.co.jp/　共立出版　（価格は変更される場合がございます）

新井仁之・小林俊行・斎藤 毅・吉田朋広 編

「数学探検」「数学の魅力」「数学の輝き」の三部構成からなる新講座創刊！

共立講座

数学の基礎から最先端の研究分野まで現時点での数学の諸相を提供！！

数学探検 全18巻
数学を自由に探検しよう！

数学の魅力 全14巻 別巻1
確かな力を身につけよう！

数学の輝き 全40巻 予定
専門分野の醍醐味を味わおう！

数学探検

1. **微分積分**
   吉田伸生著‥‥494頁・本体2400円
2. **線形代数**
   戸瀬信之著‥‥‥‥‥‥‥‥続 刊
3. **論理・集合・数学語**
   石川剛郎著‥‥206頁・本体2300円
4. **複素数入門**
   野口潤次郎著‥‥160頁・本体2300円
5. **代数入門**
   梶原 健著‥‥‥‥‥‥‥‥続 刊
6. **初等整数論** 数論幾何への誘い
   山崎隆雄著‥‥252頁・本体2500円
7. **結晶群**
   河野俊丈著‥‥204頁・本体2500円
8. **曲線・曲面の微分幾何**
   田崎博之著‥‥180頁・本体2500円
9. **連続群と対称空間**
   河添 健著‥‥‥‥‥‥‥‥続 刊
10. **結び目の理論**
    河内明夫著‥‥240頁・本体2500円
11. **曲面のトポロジー**
    橋本義武著‥‥‥‥‥‥‥‥続 刊
12. **ベクトル解析**
    加須榮篤著‥‥‥‥‥‥‥‥続 刊
13. **複素関数入門**
    相川弘明著‥‥260頁・本体2500円
14. **位相空間**
    松尾 厚著‥‥‥‥‥‥‥‥続 刊
15. **常微分方程式の解法**
    荒井 迅著‥‥‥‥‥‥‥‥続 刊
16. **偏微分方程式の解法**
    石村直之著‥‥‥‥‥‥‥‥続 刊
17. **数値解析**
    齊藤宣一著‥‥212頁・本体2500円
18. **データの科学**
    山口和範・渡辺美智子著‥‥続 刊

数学の魅力

1. **代数の基礎**
   清水勇二著‥‥‥‥‥‥‥‥続 刊
2. **多様体入門**
   森田茂之著‥‥‥‥‥‥‥‥続 刊
3. **現代解析学の基礎**
   杉本 充著‥‥‥‥‥‥‥‥続 刊
4. **確率論**
   髙信 敏著‥‥320頁・本体3200円
5. **層とホモロジー代数**
   志甫 淳著‥‥394頁・本体4000円
6. **リーマン幾何入門**
   塚田和美著‥‥‥‥‥‥‥‥続 刊
7. **位相幾何**
   逆井卓也著‥‥‥‥‥‥‥‥続 刊
8. **リー群とさまざまな幾何**
   宮岡礼子著‥‥‥‥‥‥‥‥続 刊
9. **関数解析とその応用**
   新井仁之著‥‥‥‥‥‥‥‥続 刊
10. **マルチンゲール**
    髙岡浩一郎著‥‥‥‥‥‥‥続 刊
11. **現代数理統計学の基礎**
    久保川達也著‥‥324頁・本体3200円
12. **線形代数による多変量解析**
    柳原宏和・山村麻理子他著‥続 刊
13. **数理論理学と計算可能性理論**
    田中一之著‥‥‥‥‥‥‥‥続 刊
14. **中等教育の数学**
    岡本和夫著‥‥‥‥‥‥‥‥続 刊
別. **「激動の20世紀数学」を語る**
    猪狩 惺・小野 孝他著‥‥続 刊

「数学探検」各巻：A5判・並製
「数学の魅力」各巻：A5判・上製
「数学の輝き」各巻：A5判・上製
※続刊の書名，執筆者，価格は変更される場合がございます．
（税別本体価格）

数学の輝き

1. **数理医学入門**
   鈴木 貴著‥‥270頁・本体4000円
2. **リーマン面と代数曲線**
   今野一宏著‥‥266頁・本体4000円
3. **スペクトル幾何**
   浦川 肇著‥‥350頁・本体4300円
4. **結び目の不変量**
   大槻知忠著‥‥288頁・本体4000円
5. **$K3$曲面**
   金銅誠之著‥‥240頁・本体4000円
6. **素数とゼータ関数**
   小山信也著‥‥300頁・本体4000円
7. **確率微分方程式**
   谷口説男著‥‥236頁・本体4000円
8. **粘性解** 比較原理を中心に
   小池茂昭著‥‥216頁・本体4000円
9. **3次元リッチフローと幾何学的トポロジー**
   戸田正人著‥‥328頁・本体4500円
10. **保型関数** 古典理論とその現代的応用
    志賀弘典著‥‥288頁・本体4300円
11. **D加群**
    竹内 潔著‥‥324頁・本体4500円

──●主な続刊テーマ●──
多変数複素解析‥‥‥‥‥辻 元著
非可換微分幾何学の基礎‥前田吉昭他著
ノンパラメトリック統計‥前園宜彦著
楕円曲線の数論‥‥‥‥‥小林真一著
ディオファントス問題‥‥平田典子著
保型形式と保型表現‥‥‥池田 保他著
可換環とスキーム‥‥‥‥小林正典著
有限単純群‥‥‥‥‥‥‥北詰正顕著
代数群‥‥‥‥‥‥‥‥‥庄司俊明著
カッツ・ムーディ代数とその表現
‥‥‥‥‥‥‥‥‥‥‥‥山田裕史著
リー環の表現論とヘッケ環 加藤 周他著
リー群のユニタリ表現論‥平井 武著
対称空間の幾何学‥‥‥‥田中真紀子他著
シンプレクティック幾何入門 高倉 樹著
力学系‥‥‥‥‥‥‥‥‥林 修平著

※本三講座の詳細情報を共立出版公式サイト「特設ページ」にて公開・更新しています．

共立出版

https://www.kyoritsu-pub.co.jp/
https://www.facebook.com/kyoritsu.pub